KUWEI
酷威文化
图书 影视

Starting from Passion

从热爱开始

蒋丽娜 著

四川文艺出版社

图书在版编目（CIP）数据

从热爱开始 / 蒋丽娜著 . -- 成都：四川文艺出版
社 , 2024.4
ISBN 978-7-5411-6867-3

Ⅰ . ①从… Ⅱ . ①蒋… Ⅲ . ①人格心理学 Ⅳ .
① B848

中国国家版本馆 CIP 数据核字 (2024) 第 054672 号

CONG REAI KAISHI
从热爱开始
蒋丽娜 著

出 品 人	冯 静
出版统筹	刘运东
特约监制	王兰颖
责任编辑	李亚辉
选题策划	张贺年
特约编辑	张贺年　陈思宇
营销统筹	张心怡
封面设计	璞茜设计
责任校对	段 敏

出版发行　四川文艺出版社（成都市锦江区三色路238号）
网　　址　www.scwys.com
电　　话　010-85526620

印　　刷　天津旭丰源印刷有限公司
成品尺寸　145mm×210mm　　开　本　32开
印　　张　7　　　　　　　　　字　数　156千字
版　　次　2024年4月第一版　　印　次　2024年4月第一次印刷
书　　号　ISBN 978-7-5411-6867-3
定　　价　42.00元

自序

生命的意义对于一个人来说是不断变化的。尼采说："知道为什么而活的人，便能生存。"

20 多岁时，我每每回忆家境的艰难、举家大迁移适应新环境的困难和从小到大如考试机器般存在的悲哀，总以为 30 岁后一切就能顺心如意。

30 多岁时，回味一路走来，职场沉浮的广漂奋斗路、九苦一甜的自学进修路、不断邂逅又不断受伤的情海红尘路，路路都是苦多甜少，总是期盼 40 岁后就顺遂不惑。

如今 40 多岁，回望这些年成家育儿的脑力、体力、心力三重考验，家庭经济危机的逢凶化吉，创业阶段的越挫越勇，却发现已经不再翘盼什么大顺，干脆把每一天都当成真人版"饥饿游戏"。上天助自助者，含泪播种的人必能含笑收获。

每天从床上醒来，我都感到非常庆幸，又非常喜悦，工作依然是繁重的，要化解的难题依然排着队，意外和惊喜也都如硬币的两面不知正反，但我无比笃定——只要活着就有希望，逢山开路，遇水架桥。上天每一天都会发出一些杂乱无序、时好时坏的牌，只看每一刻我们如何珍惜和如何把握，要做身穿盔甲的雅典娜女神、威武圣斗士，还是认栽认怂、随便可捏的"软柿子"，都是自己说了算。

古人云："人生有所求，求而得之，我之所喜；求而不得，我亦无忧。凡事不强求，尽人事，听天命。"以"入世"的态度去耕耘，以"出世"的态度去收获，才能活出人生的大智慧。

目录

第一章

重新诠释生活的意义

一、你在何时最幸福?

幸福，在于自知拥有幸福。如果我们"身在此山中，云深不知处"，就算已经拥有人人艳羡的幸福，自己未必能体会到这份美好，更别提倍加珍惜了。

生活就像一面镜子，映射出我们每一个人最深的悲喜和欲望。

有些人习惯性抱怨:

我看不清未来 / 我没有未来。

这不是我想要的生活……

活着太累太苦了……

也有些人习惯性赞叹:

我真厉害，我又穿越了……

未来充满无限可能。

打不死的小强，苦尽甘来……

人生看似有无数种选择，其实也不外乎两种——选择自我放逐，或者选择用心去爱。不如意事常八九，可与人言无二三。能从漫漫黑夜中走出的都不是平凡角色，只是绝大多数人还是倾向于成为令人崇拜羡慕的成功者。

我很喜欢看时间循环、平行空间和梦境现实交错一类的影片，印象最深刻的是《土拨鼠之日》（又名《偷天情缘》），气象播报员菲尔偶遇暴风雪后，时间在他最讨厌的一天轮回。电影把我们带到一个不可思议的场景，但我们在现实中却面对着同样的问题——如何在相似且不喜爱的生活中寻求解脱？如何把不如意的日子过得掌声不断、精彩绝伦？

男主人公菲尔在漫长的"今日重现"中先后经历了麻木、放纵、绝望、转变、努力、重生，最后通过重燃希望，把每一秒活成极致，去学习各种特长，认真去了解、去爱遇到的每一人，最后成了小镇里才华横溢、乐善好施的人物，最终赢得了女主人公的好感，并打破了五年如一日的苦难轮回，升华蜕变，开始新的人生。

菲尔看似有无数种度过那一天的方式，然而真正"度过"那一天的暗道开关是：放下批判和功利心，无条件地去爱这个世界和人。我们无法改变这个世界，但我们可以改变自己的态度和观点，改变对待这个世界的行为方式。

爱是人类与生俱来的禀赋。

我们很多人都经历过人生的黑洞时刻——年复一年、日复一日地困在艰难、黑暗、痛苦、绝望、悲伤、愤恨、无奈的生活中，看不到希望和明天，也没有勇气和动力去打破这一切。因为压力过大而躺平，选择放弃奋斗，重度拖延、慵懒地度过每一天，听起来似乎很容易，其实只有自己懂得夜深人静后的不安、自我鄙视和不甘。

感到幸福的人总有相似之处：散发智慧的光芒、温暖平和、快乐洒脱、充满信心和力量。他们身上似乎有着某种特别的磁场，能让其他人更喜欢和他们在一起；他们轻松调侃曾经历的困苦磨难，有种不认命、不服输、不畏将来的豪情；他们也愿意倾听别人的痛苦，帮助他人卸下自卑、懊恼、抱怨、沮丧等情绪包袱，重新找回信心和希望。用他们的话来讲就是：与其苟且存活，抱怨愤慨，不如扬起风帆，充满热爱。选择一条更难走但更接近成功的路，每天被梦想叫醒，目标清晰，充满斗志。

这样忙碌并幸福着，是怎样的体验呢？

也许大多数人都说不清自己想要的幸福是什么。有人调侃说："只要我有钱、有闲、有人爱我就是幸福。"后来发现想要的越来越多，我们也需要有健康、有人生价值、有人生目标、有爱的人，还需要有属于自己的自由……所以就算是非常富裕的人，也不会比其他人感觉更幸福，每天依旧有处理不完的烦心事。那么生活倍感幸福的秘诀到底在哪里？

每个人都有自己想要的幸福

纳撒尼尔·霍桑有句名言："幸福是一只蝴蝶，当你追逐它时，你总是抓不住它。但是，如果你静静地坐下来，它可能会就落在你身上。"

幸福并没有统一且准确的评判标准，但每个人终其一生都渴望获得，且希望获得的时间越久越好。

美国心理学家塞利格曼研究出一个幸福公式：

$$H = S+C+V$$

总幸福指数 = 先天遗传素质（基因）+ 后天环境（环境）+ 能主动控制的心理力量（心念）。其主张幸福掌握在自己手中，即使有很多不可控因素，依然可以通过主动控制心理力量让自己获得幸福。

经济学家保罗·萨缪尔森也有一个幸福公式：

幸福＝效用／欲望，主张幸福感的增强需要管理需求和欲望，比如一个人有 20 个愿望清单，当清单上的愿望一个个得到实现，他会感到满足和快乐。可假如有 500 个愿望清单，会发现永远还有大量心愿无法实现，导致疲于追求新的愿望而无法满足当下。现实的生活状态与心理期望状态两者的落差越大，幸福感越低。我们常说的"知足者常乐也"，也是这个公式背后的大智慧。

什么是幸福？你是否也有自己独有的"幸福公式"呢？

人是复杂的个体，成长的历程受教育和环境的影响。每个人都有不同的喜好、追求、梦想……就像树上没有两片相同的叶子。每个人都如此特别，都会有完全不同的关于幸福的需求以及评判标准。所以人们才会有很多看不见的隐性失望和不满，会有五花八门的矛盾和百般计较，陷入"我不懂你、你不懂我、我不懂别人、别人不懂我"这样的怪圈。

我在青春期遭遇家里经济败落，父母放弃稳定工作辞职，一起创业，却屡屡失败，最后即使做农民耕地也无法养家。人常说"贫贱夫妻百事哀"，经济窘迫的确是很多矛盾的导火索，芝麻大的琐事也会因为积怨已久引发激烈的争吵。很多纷争都会因为一件事而上升到双方道德问题、性格问题、人品问题、责任感和爱的问题。就当我认为也许分开才是他们最好的归宿时，让我不解的事情发生了——当时父亲突患重疾，他们否认了感情不和，并在最后的几个月里如胶似漆，舍不得离开对方，一分钟也不能分离，直到最后一秒。

父亲曾说他最想要的幸福，就是一家人可以过年团聚，在一起喝喝小酒，品尝可口饭菜，然后我们笑着听他第 108 次讲他年轻时候的那些疯狂有趣的故事，我们耳熟能详到能接下一句。一顿饭就像一杯浓缩的幸福鸡尾酒。有时我会看到父亲那瘦削发黄的脸上突然容光焕发，两眼放光，连那些深深的皱纹似乎都在跳舞，满脸都是红润喜庆，他那兴奋的样子让他看起来像立马年轻了 10 岁。而母亲在这种时候也总是豪情万丈，跟宠爱孩子一样放下所有的斤斤计较，跟父亲频繁碰杯豪饮，还得带上我一起喝。我得承认，我从小的酒量就是被他们这么培养出来的。在这样的时刻，父母的洒脱豪爽让我们几乎忘了身处贫寒，心中只有快乐和幸福。

婚姻生活中每对夫妻对幸福的感知和界定都会有很大的差别，比如我觉得生活充满惊喜和欢笑，不断提升彼此是非常幸福的。我的丈夫会觉得幸福生活就是可以放下压力，享受安逸，最好是在深山里对着美景，品一杯茶，然后可以肆意睡到自然醒。我的小确幸是在淋浴间一个人陶醉地唱半小时歌，不受打扰地唱给自己听。我丈夫则喜欢深夜或周末不受打扰，尽情地看球赛直播和玩手机游戏。其实在不损害健康和家庭利益的情况下，在家庭生活中，彼此拥有属于自己的自由空间和自由喜好是培育幸福的土壤。

哈佛大学的一项长达 75 年的研究关注了 1939—1944 年毕业学生的健康状况和幸福感的各个方面，心理学家乔治·维兰特（George Vaillant）用极简的 5 个字总结了这项研究的结果：幸福就是爱。

你在爱的安全堡垒中，不用惊慌失措，不必瞻前顾后，不用争辩是非，也不需要矫饰谄媚。你只需要感受自然放松和自在愉悦，在一个让你舍不得翻页的美好时光中驻留，进入心流中，忘记所有的理性审视和现实难题。

幸福感测评问卷

Ryff 心理幸福感问卷

幸福是一个动态概念，包括主观、社会、心理维度、健康维度等。本问卷关注于测量心理幸福感的多个方面。以下陈述涉及您对自己和生活的看法。请注意，这些问题没有正确或错误答案之分。"1"表示非常同意，"2"表示同意，"3"表示有点同意，"4"表示有点不同意，"5"表示不同意，"6"表示很不同意。

1. 有时我会改变自己做事或思考的方式，使得自己和周围的人更相似。

2. 我认为新的经历是重要的，它能使你重新考虑对自己和世界的看法是否正确。

3. 对我来说，与他人保持亲密的关系是困难和令人沮丧的。

4. 当回顾往事的时候，我为很多事情得以实现而高兴。

5. 我常感到孤独，因为我很少有分担忧虑的亲密朋友。

6. 一般来说，我对自己感到自信和肯定。

7. 依我看，无论什么年纪的人都能继续成长和发展。

8. 当亲密的朋友和我谈到他们的问题时，对我来说，做一个好听众是重要的。

9. 我常常受很有主见的人的影响。

10. 当我需要谈心时，却没有多少人愿意听我倾诉。

11. 我并不很理解生活中我要做的事情的意义。

12. 在试图安排每天的活动时，我总感到泄气，因为我从来完不成自己的计划。

13. 在我看来，大多数人的朋友都比我多。

14. 我以前曾为自己设定目标，但现在看来似乎是在浪费时间。

15. 总的来说，我为自己以及所经历过的生活而感到自豪。

16. 如果朋友和家人不同意，我常常会改变自己的决定。

17. 在与人交往中，我很少体验到温暖和真诚。

18. 在友谊关系中，我常感到自己好像置身其外，而难以置身其中。

19. 我很在意别人怎样评价我在生活中做出的选择。

20. 我认为"人老了就学不会东西"这种说法是对的。

评分参考：

心理幸福感的五维度模型，分别为：因素 1 良好关系，因素 2 生活目标，因素 3 个人成长，因素 4 自主性，因素 5 自我接纳。

因素 1: 良好关系 3、5、10、13、17、18

因素 2: 生活目标 11、12、14

因素 3: 个人成长 2、7、8、20

因素 4: 自主性 1、9、16、19

因素 5: 自我接纳 4、6、15

香港中文大学（深圳）经管学院及深圳市人工智能与机器人研究院校长讲座教授贾建民、清华大学文科资深教授薛澜和博士生袁韵、香港大学副教授贾轼等组成的研究团队于 2022 年年底至 2023年春节假期后，对 249 个城市中的 3000 多位民众开展调查，结果显示兔年春节期间民众"异地探亲或旅游过年"的幸福感有显著的提升，疫情对于民众心理情绪的困扰程度减少了 48.7%；民众的消费欲望和生活满意度有所提升。

有的人说，自己曾经也感到生活幸福，如今却对什么都了无兴致。这里也分享一个有趣的心理定律——"幸福递减律"，指人们对同一事物幸福的感觉，会随着物质条件的改善而降低。譬如你在沙漠行走，口渴难耐，这个时候有一杯水，你就会激动万分；而当你回到生活的地方，随手都能喝到一杯水，那么你对一杯水的幸福感觉就会几近于零。

明朝开国皇帝朱元璋当年还是放牛娃时，曾经饿得昏迷不醒，一碗白菜豆腐汤就令他如临仙境；当他当上皇帝后，尝遍天下厨师做的"珍珠翡翠白玉汤"，却再也找不回当年的滋味。这也符合"幸福递减律"。

去过内蒙古草原游玩的人大多住过蒙古包，吃过烤全羊。第一次去时，很多兴奋来自对一望无际的草原美景和令人垂涎的烤全羊、青稞酒和马奶酒的向往。我曾经也是这样带着数十年的期盼踏上旅途。记得那还是 2008 年，在企业组织客户进行的大型答谢会上。当我们抵达大草原的第一天，我对满桌牛羊肉赞不绝口，迫不及待地去草原上奔跑，发现原来并没有"风吹草低见牛羊"的景象，可能是季节原因，草矮而稀疏，风很大，阳光很刺眼……到了第三天，我开始对美味的草原盛宴——满桌牛羊肉热情减退，开始期盼其他菜肴，甚至一盘青菜，而餐厅每餐毫无意外地继续奉上牛羊肉和青稞酒。从第四天开始，我们心照不宣地拿着筷子，就等着一桌菜中青菜端上的那一刻——秒光。第七天中午，我记得非常清楚，我们问餐厅，这几盘牛羊肉没有动筷能否退菜。现在回想起来，真是不可思议，朝思暮想的美味也只消一周就心生厌倦了，这也完全应验了上述"幸福递减律"，西方经济学称之为"边际效益递减规律"。同样相似的场景，还有儿时春节去拜年时对各种五颜六色糖果的渴望，"70后"和"80后"对此应该最有同感，舍不得吃的糖果还会拿来做小伙伴们玩游戏的战利品，大家都眼巴巴地看着。我小时候还收集过糖果的彩色包装纸，就跟集邮一样有趣，可以收集上百种不同的糖纸，拿出来炫耀。如今糖果点心家家户户都不缺，甚至开始有了断糖饮食法。偶尔吃一颗想回味童年，不管怎么吃都少了曾经那种无比好吃的味道。

原来幸福感不是喜爱的东西不限量供应，而是凸显珍贵才倍觉幸福。就像爱吃猫山王榴梿的人，如果家里堆了很多猫山王榴梿，为了怕坏要他每天吃一个，很快这种至爱的感觉就会变成"看到就想逃"了。

幸福的高光时刻

2020年年初，央视网出品的纪录片《人生第一次》撷取了12个中国人的高光片段，时间上贯穿了出生、上学、成家、立业、告别等12个人生阶段，镜头对准了部分人群，以点概面，平铺直叙地传达了人生中的幸福哲学。导演秦博曾说："每个人生阶段的第一次，可能就是那一个个的浪花，虽然不汹涌，却能够唤起每个人的回忆。人就是这样成长的。"

当一个人追溯人生的历程，总有那么几件事，或是某个特别的阶段会让自己感受到意义非凡，倍感庆幸、自豪、喜悦、满足、兴奋——那就是属于你的高光时刻。

1. 回忆一次最让你得意的、被称赞的时刻

2. 回忆一次获得学校或工作单位表扬或表彰的时刻

3. 回忆从小到大曾经感到过自豪的一件事情

4. 回忆曾经被父母或亲友肯定过的一件事

5. 回忆曾经有同事对你表达感恩和崇拜的时刻

6. 回忆某一个让你感到意义重大的人生第一次的场景

不妨闭上眼，让上述美好情景再现一次。这些重要的高光时刻，是否在多次回忆时也令你感动欣喜和惊讶呢？

当你经历艰难时刻，发誓要从低谷中重新站起时，会被激发出不服输的劲头。那种力量，令你凤凰涅槃，最终让自己如同英雄般骄傲，这也是幸福的高光时刻。

还有一些美好的爱情，虽然最后没有走进婚姻殿堂，但曾经最浪漫的时光也让你体会过爱的甜蜜和神奇，觉得那时的自己非常幸运，似乎戴了魔法眼镜，看周遭一切都是美好的，动物植物都亲近可爱，雨雪风霜都如诗如画。那恭喜你，这也是你的高光时刻。

人生还会有一些高光时刻，比如毕业典礼、婚礼、喜得贵子等等。也许有人会觉得生儿育女称不上高光时刻，因为生养孩子是份苦差，考验体力、耐力和经济实力。可是当画面定格到全家人充满

爱意地围着你怀里的小宝宝，宝宝的每一次小表情都能引来家人们轻声欢笑、兴奋的交流，一天很快过去也不在意时，这样的温馨时光也是人生最美好的瞬间。

幸福感来自对比，我们认为的稀松平常却是另一些人这辈子都梦寐以求的东西。

放大镜效应

在生活中加入一个"放大镜"会怎样？用来放大所有美好的事物对自己的正面影响力。

不得不说，人际关系对人的情绪影响还是很大的，包括职场上级、下属、平级、客户的关系，也包括家庭最关键的几个成员的关系，甚至有时一些亲戚、邻居也会带给我们好情绪或坏情绪。刻意放大他人的优点、他人对我们的友善和帮助会有利于好心情的培育。如果你是习惯性自我贬损和苛责的人，刻意放大别人对自身的积极评价、阶段成果，挖掘出自身优势和资源，这样的放大镜效果，也会让自己更积极乐观。

如果幸福是一壶水，沸点定在多少度比较好呢？

一般认为，水要沸腾需要水温达到100℃。如果沸点是100℃，在99℃也会因为差了一度难以沸腾。可是如果你定义幸福的沸点是80℃，你会发现幸福感只要达到80℃就能沸腾，能更快地被感动。那如果你把自己的沸点定在60℃呢？生活中立即能增加一倍的喜悦和惊喜，你的快乐源泉就立马不同了，这就是幸福的放大镜效应。

家庭生活中的幸福放大镜效应也非常有效。

刚有宝宝的那段时间，我在自己的家庭中感受不到家人的关心和爱，我认为他们心里只在乎宝宝，我是被遗忘和被忽略的，是被附带关注的。和丈夫一起去电影院看电影，我会非常介意他有没有主动去买我喜欢的爆米花和冰淇淋，有没有关心我看电影冷不冷，遇到恐怖的镜头有没有想要搂住我，遇到搞笑的镜头有没有想跟我分享欢乐……只是看一场电影，我的内心戏就无比丰富，导致自己看电影的时候经常出戏，掉进负面情绪的旋涡中。而这一切，我丈夫是完全不知道的。看电影时他进入了心流模式，忽略电影外其他的一切，结果最后获得深深的愉悦感，没有丝毫不悦的情绪。因为深陷负面情绪中，我完全忽略了看电影才是当下正在进行的，把放大镜用在伴侣令人失望的没有做到的事上，然后又把多件令人不爽的小事做累加，继续发酵，直至自己生了一肚子气。

还有老人帮年轻人一起带孩子的家庭矛盾，因为两代人生活习惯、消费观、对孩子的教育方式，甚至沟通方式的不同而导致很多冲突。从侧面看，这其实都有一个放大镜问题，我们放大了什么？又忽视了什么？

如果我们可以从放大老人的缺点、失误、平凡中走出来，放下想要改变他们的执念，接受老一代人在特殊时代背景下形成的观念和习惯问题，接受他们受教育程度低和见识度低带来的固执己见问题，就会少了很多不必要的烦恼。把放大镜用在放大他们的优点和可爱之处上，放大他们对家人爱的付出，降低期望值，就会发现我们和父母之间的矛盾冲突开始减少。因为包容度变大，我们会开始活在爱里而非怨里。父母也会因为心情好而更加健康，他们不会感到自己愚蠢、无能，不会觉得自己老了被嫌弃，也会尝试接受新鲜事物，学着与时俱进，他们不会在负面打压中为了维持自尊心，把防御变成攻击。

一个家庭如果能活在爱里，最受益的是谁呢？是我们自己，更是孩子们。

我们是自己人生剧本的导演和主角，所有一切的发生，都是为了配合我们演完这部剧，只要善用幸福放大镜，每个人都能导演出感人的励志片或圆满的喜剧片。

二、比起目标，更要看见当下的小确幸

　　人在生活中毫无目标地行进就如同进入了巨大的迷宫，看起来路很多，走出来却很难。人生确立清晰的目标，知道自己的责任、使命和阶段目标非常重要，可以减少纠结、困顿的内耗，增强行动力。我们都希望实现目标，为此全力以赴，谁也不喜欢失败。可是假如因为一些原因失败了，我们会怎么看待？重新站起来、再接再厉？还是会选择放弃、一蹶不振？

　　对于这一点，参加过徒步登山的人深有体会。有些线路难度中等，一天就能结束全程，六七个小时攀爬徒步的时间就能上到顶峰再下到平地。绝大多数人能挑战成功，有几个人可能会因为身体原因无法完成全程。徒步登山需要负重攀爬，每个人背包里都要装上徒步期间要补充的水分，因为登山组织一般选的路线不会是已经被开发且游人众多、有很多小卖部的景区，每个人带足够的水意味着自己不会脱水，也不会喝掉别人的水，所以徒步登山者基本会带2—3瓶1.5升的瓶装水，背包里面还要放一些补充能量的点心、水果等，还会带毛巾和衣服，所以每个人的行囊都很有分量，爬到一半的时候很多人都会满脸通红，气喘吁吁，一路都要跟着沿路的路标，防止走到

岔道。

　　让我印象最深的一次徒步登山是爬广东从化最高峰——天堂顶，当时爬到路程的 2/3 时，需要全队人员爬到一个陡峭的大岩石上。有一位姑娘没有穿规定的运动装，而是随意穿了短袖和短裤，攀爬大岩石时，因为脚滑擦破了手臂和腿部皮肤，血染湿了衣服。我听到痛哭的声音，很担心，但是已经爬上去的人不可能再下来。下山后，大家去探望这位姑娘，她说她这次徒步登山的收获远远大于爬到顶峰的兴奋，她经历了一次劫后余生的庆幸，假如当时她手没有抓紧绳索，下面也没有人接应她，她的伤势会更严重。她意识到了自己参加专业徒步却没按要求着装背后的心理问题——不喜欢被约束、有侥幸心理、排斥一切规则，这也导致了她人生很多关键环节出现问题，她决定以后要换一种态度来面对规则和要求，做任何事情都拿出专业态度去面对。姑娘原本只是来参加一次徒步，没有能爬上目标顶峰，却因祸得福，有了很深的生命感悟。

　　有时候，经历磨难或面对挑战是另一种祝福。记得有一次失恋，自己在床上躺了很多天，一点儿也不想动，一遍一遍地回忆过去，然后流泪。工作没有心情，吃饭没有胃口，整个人皮肤很差，脾气也很差，看完《失恋 33 天》的电影突然就有了念头——我要减肥。于是我上了专业减脂课，然后定下运动计划和饮食调整计划，每天早晚运动 2 个小时，一日三餐自己做，几乎每天跑 10 公里，并且周末跑 15 公里或半马，这个过程中吃了大量高蛋白、低脂肪、高纤维的食物，面色红润，精神饱满，10 天后，一称体重瘦了 10 斤。后来，又加入了局部塑形练习，全身肌肉都开始激活重生。当一个人把躺平的时间用来塑形会产生怎样的效应呢？除了身材的变化，还有心理能量的升级，跑步过程中会有很多次想放弃、想中断，可是坚持到最后，自信和毅力都会让自己感到自豪，之后会发生很多奇妙的连锁反应，你会敢于挑战生活中的困难和障碍，也会有信心去实现其他的心愿，坚持长跑的并不都是为了跑赢马拉松比赛。我们每完成一次人生困难的穿越，都会比以前更卓越。所以，失恋中断了恋爱的目标，但失恋也可能变成蜕变的动力，让自己更加美好。

逐浪的海鸥

如果让你挑选特别能代表你的一个动物，你会选择哪个呢？心理学中把这种动物叫作灵性动物。第一直觉里你会觉得某种动物特别像你，感觉跟它惺惺相惜或者是心灵相通。在接下来一周的时间里，你会用心感受它的存在，感受它和自己的连接。有些人可能会想到狮子、老虎或者狼来代表自己，感受到王者气质和骁勇善战的魄力，都是可以的。如果你感觉某种动物带给你心灵上的力量或让你平静淡定，建议可以买一些跟你喜爱的动物有关的摆件、挂画、饰品，放在经常能看到的地方，可以时常提醒你回到正念，在烦乱焦躁中重新拥有心流。

我喜欢海鸥，每当有机会去海边，都盼望看到海鸥，有时会花大半天的时间坐着观赏，羡慕海鸥漫步时的自在和轻巧，翱翔时的优雅，就连捕食时纵身一跃再漂亮地出水，都感觉非常美。"海鸥"的网名我用了很多年，既没有选择勇猛凌厉的老鹰，也没有选择温和秀美的鸽子，我想是源于自己渴望天海任翱翔，又喜欢群体的依存和热闹，敢于逐浪同时心存善意，保持一份优雅和对艺术的喜爱。

　　动物能带给我们很多启发。如果你是第一次去寻找，也可能会找不到，这时候，你可以试着做一次冥想，跟大地和宇宙深度链接。当你的心足够宁静平和，某一种动物的样子就会自然浮现在你的脑海中。有人会选择梅花鹿或九色鹿，我们也会看到很多科幻片、魔法片里会有神鹿的启示和营救，它们每次都会带来光明和希望。灵性动物的守护和激励可以帮我们在最艰难和最黑暗的岁月里找回自己前行的路，驱赶束缚制约自己的心魔。

　　大多数人的一生都不会是风平浪静、无忧无虑的，我们都需要有不服输和不认尿的态度。就算上天给我们发了一副烂牌，也要斗智斗勇、破局重生，玩出最好的结局。假如生活让我们沮丧焦虑到失眠，眼前的难题如巨浪一般要淹没一切，只要自己不放弃，还是有生还的机会。很多时候，我们不是完全无路可走，而是面对一点困难就想躺平，把眼睛、耳朵和心都关闭了，束手就擒。不是把所有精力用在解决问题上，而是无休止地抱怨和难过。

　　有一次，我在菜场附近遇到一位 60 多岁的大叔，背上扛了很多小鼓，沿街叫卖，30 块一个。我看了一会儿，发现没人停下来看。大叔看起来应该也是经济所迫，想出来赚点钱，但是一路吆喝了很久，还是没有人来看一眼。瞬间我脑海里就浮现出很多想法，我想他在卖鼓这件事上有没有其他策略呢？一天只卖几个鼓能挣多少钱呢？有的家庭因为始终挣不到钱只能维持沿街叫卖的生意，毕竟人要生活。可是去菜场的大多是匆忙买菜回家做饭的家庭主妇或一些老人，况且在这样一个电商时代，几乎什么都能从网上买到，这个鼓并没有更吸引人或更实惠，就算能便宜几块，大家可能更愿意买些吃的回去，而不是买个这样的玩具。谁才更容易买这些玩具呢？

应该去哪里找到这样的群体售卖呢？这样一想，我们可能就会想到幼儿园和小学门口，因为放学的时候，孩子们总会吵着买玩具，来接孩子的妈妈和老人居多，女人跟老人是不是比男人更容易成为消费主力呢？而且沿街叫卖也不是最佳方法，这小鼓让我立即联想到去丽江旅游时，在小镇上从头走到尾都会听到同一首歌《丽江小镇》，也是因为这个音乐，丽江上打击乐器和吹奏乐器很畅销。如果这位大叔在幼儿园或小学旁边坐下来打击一段大家耳熟能详的曲子，特别是孩子们喜欢的，就很容易吸引到放学的家长和孩子的注意力，这时候如果吆喝一下免费试玩，会怎么样呢？拿出两个鼓，旁边放个小凳子，摆一个小牌子写着"免费试玩 2 分钟"，让孩子们排队玩，然后可以教一下大人怎么演奏一首最简单的曲子，还可以与校门口其他卖玩具和卖气球的联合，比如帮忙卖出一个多给 5 元，他们也乐意，毕竟不用进货和囤货，只需要顺带卖。等孩子要走的时候就会想顺带买一个，还可以买鼓送一个小气球，大部分家长都会愿意掏钱，这是不是会有更多销量？

　　人们不会因为便宜而购买，却会因为觉得占了便宜，心情美好而购买。30 块给孩子买玩具和食物，很多家庭还是舍得的，沿着菜场对着来去匆忙的人叫卖，的确很难卖出一个。人生很多场景其实都跟这个大叔卖鼓一样，如果只想到一个方案就会限制很多创富的可能，到后面甚至会觉得维持生存线都很艰难。可是如果人的思维开始变通，有了更多联合和创新，也许可以想到 10 条以上卖鼓的策略，那么赚钱的效率就会提高，人生会充满更多的可能性。当我们在抱怨眼下的困境时，为什么不去为这个困境想若干个解决方案并且去立即尝试呢？

　　人生就是一个逐浪的过程，如果没有风浪，我们生下来就过着一眼看到老的生活，虽然没有任何风险，但也没有任何惊喜和变化。我想没有几个人会为这样的人生感到兴奋。

成功与失败的审判官

　　从孩童起，我们就开始被成功和失败的社会评判无形地牵引着。老师和家长希望孩子考出好成绩，交出满意的答卷；领导上司希望下属完成指标并屡创佳绩；孩子希望有钱有闲的父母让他们的未来过得更好且能提供充分的陪伴；我们自己也希望活得精彩，面包爱情都拥有，物质精神双丰收。然而，事实是成功路上从来都不拥挤，财富和好运似乎只掌握在极少数人手上。

　　对于成功失败，我们每个人都有自己界定的一些标准。有人说：我的目标很简单，我想减肥 10 斤，不减下来不换头像。其实成功和失败不是二元对立的，也不是长久不变的。同时，追逐目标的过程离不开关键路径和执行力，很多成功都不是遥不可及的，仅仅是因为我们没有好的实现方法或者没有坚持到底。

　　失败会带来一定的危害，因为人的自信心与成功概率成正比。失败的次数越多，人越会怀疑自己的能力，最后甚至对一些非常容易实现的目标都会踌躇不前，在职场上更是凡事求稳，瞻前怕后，一点儿也不敢突破，更没有勇气去争取更好的机遇。

　　桥水基金创始人达利欧在《原则》一书中提供了实现目标的公式：

　　1. 设定一个明确和量化的目标；

2. 发现通向这个目标的障碍；

3. 诊断存在的问题并制订计划；

4. 列出解决问题的任务清单；

5. 坚决执行这个目标。

以上五步需要反复迭代，分步执行。在实施的时候，如果你感受到吃力甚至痛苦，就要恭喜自己正在离开舒适圈，逐步进入到成长圈。

成长破圈有六个层级，分别如下：

1. 自我认知圈

2. 突破舒适圈

3. 战胜恐惧圈

4. 拓展学习圈

5. 建立成长圈

6. 回归自在圈

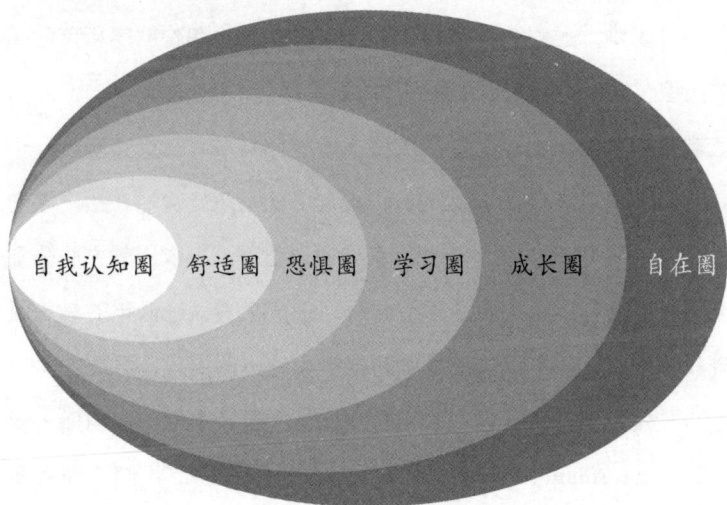

不断地自我破圈，才能强大自我

位于不同层级的人，身上的能量场不一样。层级越高的人，能量场越大，更容易吸引到同频共振的人和事，心理学上的吸引力法则也有相应的体现。

拿减肥为例，很多人肥胖并不是源自肥胖基因或因身体疾病而长期服药所产生的副作用，而是缺乏正确的饮食观念和习惯、缺少运动，热量摄取过高，导致身体无法消耗脂肪而大量囤积，这样的状态是属于舒适圈内。

一旦你开始准备减肥，一般就会进入到恐惧圈，同时感到不适或难以坚持，因为此时你需要改变很多习惯。一旦你选择继续坚持，就开始进入学习圈，你会关注如何才能最终实现目标而非中途放弃，你会尝试更多的方法对自身进行改变，然后进入成长圈，最后减肥成功。健康和魅力的升级有利于我们增强信心，让我们勇于挑战未来的各种困难。最终一路坚持的人进入自在圈，摆脱欲望和负面情绪的操控，让生活回归生命美好的本源。

我在减肥的路上也有过多次深刻体验，其中有三次实现过一个月减肥 10 斤。每一次都是因为一念而起，然后下定决心在接下来的一个月内减肥 10 斤，所幸这三次都如愿以偿了。三次用的方法分别是运动减肥法、饮食控制法和综合法。总体来说，这些年的减肥经验对我的帮助，并不仅仅是身材的维持和健康的提升，更是在实现目标的过程中，对自身毅力的不断锤炼，就像卡洛琳·亚当斯·米勒（Caroline Adams Miller）那本《坚毅》里写的，我们首先需要找到自己特别想去做的事，然后不断摸索最适合自己的方法，并且每天坚持练习，剩下的事情就交给时间好了。当坚毅的性格形成了，坚持不懈地努力，成功就只是时间问题了。

在实现目标的过程中，根本没有随随便便、未曾努力就获得的成功，除非我们定的目标过于简单。没错，为了成功，如果把目标定得过于简单会怎么样呢？比如减肥 20 斤可以恢复原来的身材，结果怕失败而定了减肥 5 斤的目标。如果认为 5 斤减完就是实现了目标，一放纵自己，过不了几天，体重就会回到原位了，甚至还能增加几斤。现实就是这么残忍，我们要的是自我欺骗的短暂成功还是真的实现人生目标的成功呢？

对于实现成功的目标，还有一个重要的步骤，就是分解任务。比如一个人不擅长跑步却希望跑 10 公里，结果跑了几次都坚持不了就放弃了，就认为跑步这个运动不适合自己。可是如果他的目标是减肥 10 斤，计划 5 周实现，每一周的跑步难度都微微增加，从最初第一周 2 公里开始，每周增加 2 公里的难度，那么到第五周就可以驾驭 10 公里，自己就不容易受挫。分解目标去逐步实现，是避免失败非常有效的方法。

有很多人带着不屑和否定评价自己的父母，而随着一个人成熟度和见识的增加，对父母苛刻的评判会逐渐被包容和谅解替代。父母在极其穷困的生活中充满无奈，却竭尽所能抚养孩子们长大，自己不舍得吃、穿、用，什么都省给孩子，这些都是爱的表现。如果我们要抨击父母挣不到钱或者不懂更科学的教育，那我们只需要换位思考一下，将来我们的孩子对比了身边富裕家庭后，对我们混得一般的经济条件进行抨击或者对我们不够科学的教育手段进行吐槽，也许你也会发现自己是失败的。所以，对于失败和成功，我们需要做睿智的评判，在通往美好生活的道路上，一定会经历痛苦的失败。在我们的高标准和过分挑剔下，亲友伴侣一定会看起来不够成功。然而，当我们换一种思维方式，让自己更具弹性和包容，让头脑更加开放，相信所有的失败都不复存在，那只是暂时的不完美。

黎明前的那一线光

　　每个人在经历人生低谷或困境时，都像是在暗黑峭壁上艰难攀爬，坚持到最后的未必一定能胜利，但中途放弃的一定没有胜算。大家都看过《泰坦尼克号》，杰克把生存的机会让给了露丝，露丝最后获救，并为了实现答应杰克的诺言，努力活出精彩人生，直至迟暮。如果露丝没有坚定活下来的信念，也可能错过生还机会。一个人若不能坚强面对残酷的现实，的确很难活出毫无遗憾的人生。不放弃才会等来一线生机，看到黎明曙光。

　　一个不自我放逐、在困苦面前坚持重新站起来的人，全世界都会来帮助他。我也经历过人生低谷，还不止一次，幸运的是，我身边总会出现贵人和非常优秀的人生导师。我会吸收很多正能量，得到很多有力的建议，带着感恩和信心，从人生低谷中重新走出来。当自己能走出过去，才会更愿意成为他人的光，因为深知黑暗中对那一线希望之光的渴望。

　　所有的幸运源于自己竭尽全力的努力。哪怕身边没有遇到能帮助自己的贵人，仍然可以自我救助，自己去成为自己的贵人。每个人生来都有很多自带的优势——我们都是时间的大富翁，不管贫穷还是富贵，每个人都平等拥有每天的 1440 分钟，就像每天的清晨我们每个人手上都有同样的游戏币，来开启这一天的新游戏。用好时间就等于用好了游戏筹码，没有浪费资源，并奋力创造最大胜算，机会将会垂青努力追求它的人。

王尔德曾说："生活在阴沟里，依然有仰望星空的权利。"不管外部因素如何，我们永远可以有权利决定自己对待一切的态度。即使在遭遇痛苦时，人们也有可能找到意义。第一份工作的确只要能胜任和踏实稳定，不进修学历我也可以做到退休。可我是天生"爱折腾"的人，我发现自己并不爱被分配的这家名企的财务工作，我开始了跳槽生涯。而学历问题让我尝尽冷眼和闭门羹。于是，我决定修完学习顺带把相关职业资格证统统拿下。事实证明，心志决定命运，态度决定高度。最后目标的确都实现了，并且用了最快的速度。不到四年，我就取得了学历和学士学位证书，同时以每年一个职业资格证的速度，拿到四个比较有含金量的证书：国家二级心理咨询师、国家中级员工援助师、国家二级企业培训师、国家高级人力资源管理师。那四年里，除了上班的时间，我就只做两件事：第一就是复习应考，第二就是做义工。生活给了我黑暗中的漫漫长路，却也给了我那一线光亮，让我不至于认输和躺平。

著名哲学家弗里德里希·尼采（Friedrich Nietzsche）有这么一句名言：What doesn't kill you makes you stronger。那些杀不死你的，终将使你更强大。正因为不愿意放弃任何一次机会，才会有让自己都骄傲的攻坚之战。

三、躺平很容易，前进也会有不期而遇的乐趣

　　冬天来临，万物凋零，可供摄取的营养来源和数量急剧减少，动物们为了自己能在冬天来临之时不伤及本源甚至饿死，过冬之前就要做好食物储备。凭借刻在基因里面的本能，动物的天性会在过冬之前积极寻找食物，努力进食，让自己能撑到下一年的春天。而人类似乎比较特殊，刻在骨子里的本能逐渐在退化，没有很强烈的主动意识，要在冬天来临之前提前做好储备，所以往往很容易造成原本可以避免的诸多悲剧。

　　近三年，很多行业和企业都受到了前所未有的重创，我也曾亲身经历了几家企业成批裁员的残酷和无奈，因为十多年都从事 HR（人力资源）工作，对裁员工作深恶痛绝却又无可奈何。其实没有人愿意经历裁员，有的员工直到被约谈的那一刻都不敢相信这一天这么快就到了。很多资深的老员工按部就班地上班，非常本分，直到失业后才惊觉自己并没有积累有竞争力的背景或经验，再找到同样收入和背景更好的企业机会甚微。于是有些人愤愤不平，抱怨企业，有些人干脆躺平，不愿奋力找工作或学习技能来提高竞争力，反而是在家里吃吃睡睡、玩游戏，没有钱了就向父母亲友要。尽管听到

周围人对自己的负面评价也会觉得羞愧，但后来也慢慢麻木了，从无辜到恐慌，从无奈到躺平，最后向现实屈服，"破罐子破摔"地过一天算一天。

明明知道自己的行业即将步入夕阳，还不断怨天尤人，又心存侥幸，不做多方面的技能储备。当裁员潮来临时，必然将会手足无措，生存也会受到威胁。所以，我们永远要自问：如果下一秒就是冬天，我的准备工作是不是已经就位，能顺利过冬吗？假如能居安思危、具备远见，积累了多种谋生技能，一旦遇到行业或企业大变动就顺势更换赛道，这样的危机也成了机遇。

除了工作，其实婚恋上也会遇到中途"夭折"的爱情和婚内变故。结婚 20 年的朋友突然宣布已离婚，旁人听起来都感到不可思议和惋惜。深究后却发现，其实裂缝早已存在，一方忍无可忍而选择放弃，不愿修补也不愿包容，用了最激烈的方式解决矛盾问题。大龄未婚的单身贵族虽没有经历婚姻变故的可能，但也曾经历过铭心刻骨的情感伤害，或一直没有遇到"对的人"。

对于内心真正想要步入婚姻，建立亲密关系的人来说，面对令人痛不欲生的情感挫折和婚姻生活，选择躺平、放逐还是不断积极面对，解决问题，重新期待美好降临？人生的结局将会完全不同。

驻足的意义

人在经历创伤或危机时，往往伴随恐慌、焦虑、挫败、愤恨或其他消极感受，苹果公司创始人史蒂夫·乔布斯对此深有体会，他说："人都是被自己打败的，而且首先是被自己的情绪打败。"

也许大家都听过关于本能脑、情绪脑和理智脑的解释。当代脑科学研究表明，人的大脑可以分为本能脑（又叫爬虫脑），在脊椎的最顶端，在我们脑部的最中心；第二就是情绪脑（又叫边缘系统）；第三就是理智脑（又叫大脑皮层或新皮质）。几十亿年前，地球上出现了生物，直到 3.6 亿年前，在爬行动物的身上才出现了本能脑。本能脑结构简单，是一块反射结构，使爬行动物能够根据环境的变化做出本能的反应。2 亿年前，在哺乳动物的身上出现了情绪脑。情绪脑可以使哺乳动物在环境中趋利避害。到 250 万年前，在灵长类的动物上出现了理智脑，位于我们大脑前额区域的新皮层。直到 20 万年前，理智脑才成形，赋予我们智慧。人类进入了高速发展和瞬息万变的智能化时代，生存环境没有了远古时代的艰难和危机四伏，人们开始追求生存以外的事物，没有了原始人的野性，开始变得西装革履、文质彬彬，但我们的大脑中还会维持原始人那种"要么战斗，要么就逃"的状态，依然具有避难趋易、急于求成的天性，于是我们经常会陷入"我知道，但我做不到""我想要，但我不行动"的这种知行无法合一的状态。

科学研究表明，我们的大脑中有着数以亿计的细胞，其中神经元约有 860 亿个，这个数字比现在地球上人口总和的 10 倍还要多。大脑中本能脑与情绪脑占八成，而且本能脑与情绪脑更接近于心脏，可以优先得到血液的供应。本能脑与情绪脑控制着人类的潜意识与生理系统，包括听觉、视觉、触觉、呼吸、心跳、血压等等。在运算速度上，本能脑与情绪脑每秒达到 1100 万次，而理智脑只有每秒40 次。而且，理智脑在运行的时候相当地耗能。所以，这也导致人类的很多决策都是来源于本能脑与情绪脑，理智脑很少参与决策。

那我们是不是就对此无能为力了？不是的，人类通过学习和刻意练习，可以协调三重大脑之间的关系，跳出旧有的惯性，提升认知。

在慌不择路或开始走下坡路时，我们要打开让理智脑发生作用最关键的一个开关——驻足，安住当下，让自己回归清醒和理智。

电影《超体》是一部科幻片，电影涉及生物、医学、物理等方面，最后上升到了哲学意义。电影中女主人公露西原本是个普通人，不料因意外摄入过量 CPH4 而意外拥有了超能力，当大脑开发接近 100% 时，她的大脑打开了上帝视角，变得如神一般"无处不在"。电影虽然是夸张的，也缺乏科学依据，但我们从中能看到，每一次露西在险境中逃生，都是无比镇定地进行了 360° 局势观察分析。当一个人足够冷静和理智，也就少了被情绪脑和本能脑操控的机会。

在很多竞技类比赛和极限挑战中，运动员需要有振奋和稳定的竞争状态，才能感到信心十足，避免紧张焦虑，能够充分认识到潜在的困难和复杂的比赛形势，同时又感受到自己势在必得。与此类似的场景还有马戏团表演中的空中飞人。

如果我们的生活忙碌到无法驻足片刻或我们已经陷入情绪崩溃边缘，该怎么办呢？在这里分享一个心理学技巧——逐步抽离法。NLP 心理学上有一个可以消减事情带给自己情绪的方法叫自我逐步抽离法，是指从一个复杂而失控的局面里面，把自己瞬间抽离出来，通过外部视角看当下这一幕，把自己从演员突然变为导演，一旦成功抽离，一瞬间我们就清醒了，从狂躁、悲愤、怒火中开始冷静下来，开始关注如何自救、如何找到最佳打法。逐步抽离法能够把自己从事情发生的现场和负面情绪中抽出，如外人一般注视自己和环境。这样既能保持对现场情况的了解和掌握，同时又能摆脱情绪困扰，使自己能有效和冷静地找到解决方案。

自我逐步抽离法的具体练习：

1. 通过几次深呼吸，尝试想象自己站在所处的房间的门口，看见自己此时正坐着、站着或躺着？穿着怎样的衣服？表情如何？可以练习几次。

2. 想象有另一个自己站在自己旁边约 2 米处，看到自己周围的环境。

3. 想象自己慢慢回到本人所处位置，然后再抽离去刚才的 2 米外，反复做几次，直到熟练为止。

4. 如果此时情绪难以自控，想象有另一个自己走近并给予自己安抚，可以是拥抱，可以是一些鼓励的、表达同情和理解的话语，想象有充满爱的眼神和温暖的鼓励围在自己身边。

5. 回忆一次让自己感到紧张的经历或者未知的害怕，重温当时的景象、声音及内心感受，然后想象自己抽离本人的位置，站在 10 米远，隔着一层玻璃，看房内当时的你。注意内心感受的减轻，然后再往后退，想象所处的大楼也在变小，所有周围景象都正在不断缩小，当自己心情平和时，再次返回现场，可以让自己心中不再有情绪困扰。

6. 想象一些无关的事（可以想一些开心的事或者无关的小事，不要想那些需要深度思考的事）。

以上抽离法练习到熟练后，可以继续练习多种抽离的视角，比如在时间上的抽离、在空间上抽离、在情绪上的抽离。每当在一个场景中发现自己情绪即将失控，或者因为压力和劳累极度压抑，便可以凭这样的抽离消减情绪，给自己爱的能量。

　　我在培训时运用过五分钟静心冥想法，也提倡很多企业在培训或开会前进行一分钟正念冥想，既可以让与会人员放下各种待办事件，全身心投入到接下来的时间里，又可以起到定神和解压的作用。不管是聚焦问题的会议还是全身心投入的培训，会前冥想都能起到积极作用。

　　每年做员工满意度调查时，很多员工都会提到会议管理问题，大家都惧怕无效会议和严重拖延的会议。一不小心，会议就会陷入偏离问题的讨论，因为某个人提出的有争议的问题而过度讨论，最后双方或多方进入到非理性的情绪中彼此抨击、控诉，引发更深的人际矛盾。有时参加会议或培训的同事心不在焉，还在想着家里或工作上不愉快的事，或者还在思考自己未完成的工作，这样是不可能做到全身心投入会议的。这时候，主持人带领大家进行会前冥想就是良策，大家把思绪做一次暂停和整理，由主持人提出本次聚焦的主题、限定的时间和要求，这样一来，会议就会高效很多。关于会前冥想，有四个关键要领能确保这个环节起到全场聚神安心的作用：

　　1. 冥想带领需要一定专业和经验，不是随便找一个员工就可以引导。

　　2. 开始前尽可能创造安静和幽暗的会场环境，比如关灯和放下窗帘，不要有噪音和人员进出打扰。人在这样的场域可以做到完全放松，不用担心自己会被注视，能够配合引导进行深度放松和闭目凝神。

　　3. 冥想音乐的选择要优美轻缓，长度适中。节奏不可时快时慢，或一首曲子很短就中途就没声音了，建议可以专门搜索冥想音乐然后单曲循环。

4. 冥想引导需要提前准备好引导词，除非你是非常有经验的冥想引导师，否则就会毫无准备，在引导过程中说错话或结巴，或者大脑断片接不上话，大家好不容易进入深度冥想的状态中，却因为引导表达失误而走神被拉回现实，这样的表达失误不仅不能起到放松解压作用，效果还会适得其反。

一念天堂，修炼正向思考力

在家庭的生活里，我们会看到这样的一幕：丈夫下班回家感到非常疲惫，看到妻子正在看一个偶像剧，一会儿哭一会儿笑很是投入，丈夫觉得妻子总是看这些电视剧，没有品位，又想到很多精英女性与时俱进，热爱学习，一对比，就觉得妻子这么多年都不思进取，除了家务和带娃什么也不会做……这样想了一会儿，丈夫在阳台默默抽了一支烟，然后觉得生活无聊透了，和妻子没有共同语言。此时，他正好听到妻子说起这个周末全家度假的事，就冷冰冰地说这周末要加班，实在去不了。妻子觉得很失望，开始抱怨丈夫总是忙工作而心里没有家庭，不陪老人孩子，也不分担家务……于是，一场夜晚上演的家庭闹剧就拉开帷幕了。

画面切换到另一个场景，同样是丈夫回来，发现妻子在看偶像剧，丈夫觉得自己在外面打拼，常常没有时间陪伴家人，妻子能看电视打发时间也挺好。回家有妻子、孩子，有热菜、热饭，有电视的声音，真是温馨，像极了小时候与自己父母一起度过的温暖时光。

丈夫一起陪着妻子看了一会儿偶像剧，顺便问了几个演员名字，觉得跟下属有话题聊了。丈夫想到自己的妻子看电视的爱好比逛街购物省钱，因为他知道很多女性都爱外出购买昂贵的化妆品、服装鞋包，有时还会去美容整形，花钱如流水。他觉得过日子还是简单好一点。于是，他主动提出周末全家老小一起去度假，好好吃一顿大餐，把时间留给最重要的家人。妻子非常开心，说老人孩子一直都在盼望着度假，老人年龄大了，能让他们看看世界也是尽孝。

两个场景，同样的人和事，因为看法和观点的不同带来了认知和行为的不同。一个是吵架之夜，一个是温馨之夜，完全不同的结果。

著名心理学家艾利斯有一个"ABC情绪理论"。他认为，人的情绪主要源于自己的信念以及他对生活情境的评价与解释的不同。即事情的前因 A（Antecedent），透过当事者对该事情的评价与解释，以及对该事情的信念 B（Belief）这个桥梁，最终才决定产生什么样的结果 C（Consequence）。在家庭生活中，每天都有很多事情可以用 ABC 情绪理论进行转念。正如叔本华所言："事物的本身并不影响人，人们只受对事物看法的影响。"

对事情的观点和看法没有绝对的对错之分，但有积极与消极之分，而且每个人都多少会因为消极或积极的心态而产生下意识行为，也会为此去承担最后的结果。一刹那的某个选择或决定，即使看起来微不足道，对未来的影响也是很关键的。构筑出什么样的生命图腾，取决于我们人生中的各种"蝴蝶效应"。

有一位女士约了一个许久未见的好友聚会聊天，出门前她打扮得非常漂亮，还带了一份精心包装的礼物。结果走出家门不一会儿，刚才还晴空万里的天空突然间雷电暴雨。不仅礼物打湿了，她穿的漂亮衣服也打湿了，就连高跟鞋里面也进了水，她的心情瞬间变得很糟糕，心想："我怎么这么倒霉，遇上这种大雨，看来今天不适合外出，诸事不顺，我还是不出门了。"于是她打电话给朋友说改次再约。她的朋友本来已经出门，而且为了这天和她的约会推迟了其他安排，现在只好冒着大雨再返回家，心里想："怎么这样突然爽约，看来这个朋友对我并没有在意，算了，以后我也不约她了，本来想着有一个非常棒的合作项目要一起合作呢，一场雨就会放弃的朋友，以后合作估计也难长久……"友谊的小船就被这场雨打翻了。

同样还是这个场景的另一出剧情：这位女士出门遇到大雨淋湿后，打电话给自己的朋友说："真不好意思，我要迟到 20 分钟，大雨让我衣服鞋子全部湿了，我回家换一下，然后等雨稍微小一点儿就出来。"因为她还带了一个不能淋雨的礼物给她的朋友。朋友会想："今天这种天气还能一起出来聚会的绝对是真爱啊！"朋友非常高兴，说为了这次约会自己也推掉其他很多安排，一定会等她来。最后两个好朋友一起度过了非常美好的一个下午，不仅友谊升温，两个人还谈成了一个非常棒的项目合作，可以让她们此后每年增加几十万收入，她们还约定拿出赚到的钱一起出国旅游，一起美美地购物，享受人生。同样一个被大雨突袭的日子，不同的人的看法和观点会决定不同的行为，又会促成此后完全不同的际遇，是不是很神奇呢？

修炼正向思考力就是提升积极思考的能力，遇到挑战或者挫折时，不断地改进思路，不逃避、不否定，而是强化正向力量来迎接挑战。正向思考力也是一种克服挫折的信念，凡事都往好的方面想，相信天下没有克服不了的困难。积极的心态展露出信心、诚实、希望、乐观、勇气、进取、慷慨、容忍、机智、诚恳，当负面情绪的困扰来临，就可以通过正向思考力，改变行为模式，过上积极正向的生活。

正向思考力的培养有三个途径：

第一，多和欣赏你的长处并愿意表扬你的人在一起。被人肯定和表扬，是一件提升能量的事，会让你更加乐观、充满斗志地生活。

第二，减少浏览和散播负面信息。首先，我们自己可以具备远离负面信息的意识，不要总是围观微博上的各种网络暴力或对骂战，不要经常跟喜欢抱怨、喜欢吐槽他人的朋友在一起。其次，我们自己也要谨防自己是负面信息的传播源，不要盲目抨击或言语攻击他人。

第三，多做利于自身成长的事，包括培养兴趣爱好、学习一项技能等，让自己进入心流时间。有些人闲暇时喜欢阅读、写作、跑步、画画、书法、听歌等等，这些都可以让我们进入心流状态中，让自己充满积极情绪。

吐槽和感恩练习

一对夫妻可以轻松快乐地吐槽彼此，这样其实很好。一段对对方幽默的吐槽，不仅可以消除疲惫，还能愉悦心情，增进夫妻感情，简直羡煞旁人。然而，现实中很多夫妻从来不是在吐槽，而是在挖苦、贬损、嫌弃甚至吵架；有的夫妻惧怕总是吵架，干脆从来不吐槽，一生气就直接进入冷战，导致怨气越积越多。所以，吐槽是一门艺术，不仅需要智慧和幽默的口才，还需要夫妻两人站在同一个频道中。

我和丈夫曾经也发生过比较大的家庭危机。本来只是经济危机，差点就成了婚姻危机，好在当时在十字路口似的关键节点，我用了心流法则，让自己愤恨焦躁的心重新回到内在的平静，找到了心中的答案。我求助了国内知名心理专家王兴林老师，他教给我的方法就是吐槽和感恩疗法——把决定家庭未来的重大决定先放放，先完成6周的吐槽和感恩练习，排除双方积怨。人在恐慌和愤怒中会失去理智，接下来的一周，我内心各种悲伤、惶恐、焦躁、愤恨全部交杂涌上心头，无法安静思考，只能像个怨妇，看到谁都想哭诉自己命苦。后来通过吐槽与感恩练习，我们终于能心平气和，重新面对难关，协商处理办法——是作为冷静的成年人进行的商讨，而不是作为两个缺乏担当只想攻击或逃避的孩子。最后我们的确找到了最佳解决方案，确保了婚姻大船没有触礁，继续航行。每个人的智慧和力量是本自俱足的，不管多么复杂和困难，当我们足够冷静，都能找到迷宫通道。

以下是吐槽和感恩练习的具体方式：

1. 夫妻两人达成共识，一起完成这6周的练习，每人一周，轮流进行。

2. 所选择的环境要尽量独立和舒适，不被打扰。在沟通过程中全身心投入，尽量不处理其他任何事。

3. 每人在轮到自己的这一周里的前3天，找一个时间段和对方进行一次吐槽练习，吐槽时长双方自己定，尽量现场进行。吐槽中说的一方可以面对墙进行（避免面对面吐槽有顾忌而放不开），墙面上可以放对方照片或写一个名字贴上；听的一方坐在侧面倾听，不可轻易打断，遇到吐槽的一方情绪过于悲伤而哭泣，可以递纸巾和表示安抚的动作。如果遇到吐槽一方情绪怒火难抑，有激烈行为，可以表达感谢对方的倾诉，表示抱歉和自己需要成长完善，而非针锋相对地辩解，将吐槽演变为吵架。

4.吐槽练习和感恩练习需要分开两次进行，感恩练习可以在一周后4天找一个时段进行。感恩练习可以面对面，看着对方眼睛诚恳地表达，同样不限制时长。

5.每人轮流一周，是为了避免变成双方一起抱怨、吐槽对方而缺少了倾听的机会，建议可以各进行3周，即一共6周时长。

这个过程的体验式是这样的：第一周我先开始吐槽练习，因为是表达不满和怨气，不用任何思索，张口即来，虽然吐槽的很多问题不一定马上解决，但吐完心里很轻松、很畅快。几天后的感恩练习时，我担心说不出感恩的话，就跟自己心灵对话：感恩一定是有的，伴侣不可能一无是处，于是我从时间线找灵感，从恋爱期开始讲起，边想边讲，最后非常自然和诚恳地表达了一个小时的感恩，分享了婚后感到庆幸和自豪的事，容易被忽略的幸福甜蜜的小细节，说到感动时，我们两个都有抹眼泪。我当时想，感恩环节实在太神奇，两个战斗中的人，因为感恩环节，心开始变柔软，从冰点开始一点一点回暖。

等到我丈夫开始第二周吐槽练习时，我的第一反应是，你凭什么还有可以对我吐槽的呢？我里外操持家务，一直隐忍包容，只有被感谢的份，没理由还被吐槽。而事实上，那一次吐槽，我听丈夫说了整整2个多小时，中间还吃了一顿晚饭，饭后居然还能不用做准备地继续吐槽，每当我故作大方问"吐完没有"，我丈夫就像巨型牙膏，又能挤出一些。我全程沉默，因为吐槽需要倾听，我丈夫不忍心地问："你还可以吗？是不是听得怀疑人生了？"事实上，我的确有这样的挫败感，甚至有两次不受控地抽离出现场，我远远看着现场的两个人，我在思考是否所有看似美满的家庭一旦开吐槽大会，夫妻双方都会如此滔滔不绝？我总是认为男人话少而神经大条，原来仅仅是没有给他一个大胆倾诉的机会？我突然就明白了心理咨询师的用意，为何要轮流倾听吐槽？因为换在平时，听到每一句吐槽我们都会觉得刺耳，然后会像乒乓球冠军一样力求把球打回去，最好能凶猛扣球，不给对方生还余地。

吐槽和感恩练习让我明白了很多道理，每个人都会不自觉忽略对方的感受和需要，家庭生活中其实遍布盲区，有不了解对方喜好而强压硬塞的好意，也有很多对彼此付出熟视无睹甚至毫不领情的麻木。这也解释了为什么很多女人在家里几十年操持忙碌，男人并不感动。没有感恩的家庭文化，夫妻双方做什么事都得不到正面反馈，经常盲人摸象，而对方的诉求和喜好又经常被忽视和否定。因为缺少平时的倾诉和相互理解，最后导致很多情侣和夫妻在积压大量不满后，爆发激烈争吵。

我们非常幸运地完成 3 周的吐槽感恩练习，夫妻两人发现情绪得到清理后，终于可以不带着愤恨、攻击或逃避等负面情绪进行问题讨论了，而是双方心平气和地沟通和商议家庭危机的解决办法。

有的女人认为自己贤惠持家，一心一意，对方就会更爱自己；有的男人认为自己努力挣钱就是给家人爱的方式。我们认为的自身很多的成绩和优点，其实在对方眼里未必如此。

《绝望主妇》里的完美主妇是一个让周围所有邻居和好友们感到羡慕和佩服的女人，每天能变戏法般地做出小镇上最美味的餐点，家里布置得美如样板房，干净又艺术，毫无地方可挑剔。然而她的丈夫和儿子却生活得非常痛苦，他们认为自己就是平凡人，和完美人格的人一起每天听着"正确的大道理和最佳做法"，这样的生活太累。

对于完美型人格的人来讲，凡事都有标准和原则，凡事都应该更用心和更出色，似乎懒惰愚笨都像犯罪。其实并不是所有人都愿意这样高标准要求自己。当我丈夫跟我吐槽我平时那些爱收拾整理的"优点"让他多么不适，我絮絮叨叨地说"人应该怎么样"让他每一分钟都想离家时，我几乎从自我感受良好的云间跌到冰窟。这也许就是生活的哲理，给一个讨厌吃鱼的人换着花样费心地做鱼，还希望对方明白吃鱼有很多益处，并希望他为你的用心良苦而感恩，这是不可能的。婚姻里有一个看不见的情感账户，每一次对彼此的失望都会让情感账户流失爱，最后婚姻就变得岌岌可危，只剩空头账户，任何一次小矛盾都会成为"压死骆驼的最后那根稻草"。

在之后几天的感恩练习中，我丈夫生平第一次跟我表达了半个多小时的感恩，一口气说了 16 项感恩，还用了 MECE 法则，不重叠也不遗漏，每一个感恩项归纳总结得都很有高度，并且也会举例说明。男人大多不擅感性表达，尤其理科男，不得不说，听伴侣表达感恩这个环节非常愉悦。悄悄说一句，我甚至愿意在用这样的感恩练习，替代自己生日当天的生日礼物和蛋糕。

我们是自己人生的主角，未来怎么样，我们未必都清楚，但当下做什么是我们能决定的。我们在随后 6 周的吐槽感恩练习后，决定逢山开路，遇水架桥，接受上天给的所有"烂牌"，因为怨天怨地不是最佳解决办法，当我们把最大的方向和基调定在挽救和向上攀爬时，我们开始把握一切机会，游到岸边重新站起来。那一刻，我们互望了对方一眼，笑了，因为虽然一身泥泞，狼狈不堪，可是我们没有在翻船后"溺亡"，我们想要重新玩一局。没错，如果人生只是一场游戏，只有最坚强和勇敢的玩家，才能做最后的赢家。

推荐所有情侣和夫妻把感恩和吐槽练习引入家庭生活，作为阶段性固定活动项目，每周或两周进行一次，可以避免大量的家庭误解和矛盾积压，同时也有利于加强彼此了解和体谅，真正明白对方的需要和期望，从此不再出现"苦心无好报"的状况，不再带着自己主观的想法和控制欲不停地付出，不再不允许对方表现出不满意、不领情和不珍惜。

一盒充满未知的巧克力

很多人都看过《阿甘正传》，这部电影片头的经典台词是："Life was like a box of chocolates,you never know what you're gonna get."这句话的意思是，人生就像一盒巧克力，你永远不知道下一块是什么味道。的确如此，我们谁都不知道打开的这盒人生巧克力什么味，未来会是什么样，下一步会发生什么。我们经常性地悲观和焦虑，巨大的压力和恐惧让我们不敢放松，我们不可以任由事情发展。我们也会不甘心地发现自己开启的巧克力是某个口味，不停抱怨，并且期待改变。

我去菜场买菜常光顾一对中年夫妻，他们给我一种积极的生活状态，让我至今印象深刻。他们每天劳作，全年无休，每天只睡 5 小时，这样的工作应该觉得很苦吧！我以为如此。可是，我每次去买菜，看到他们都是互相体贴、高效联合，偶尔还会相互调侃，俏皮打趣。有多少家庭能如他们一般安于当下、相携相伴？

假如拿到一颗并不喜爱的人生"巧克力"，有多少人能用平常心品尝出生活的美味呢？唯有用心去珍惜每一分钟，做好每一件事，用爱的眼光去感受，才能看到五彩斑斓的世界和绚丽多彩的人生。人生也是充满变数的"巧克力"，你无法预料下一颗拿到的是什么，无法预料下一分钟迎来的是暖阳还是风浪。其实人生就是不断失去的过程，《阿甘正传》中阿甘深爱珍妮，但珍妮不断地离开他，她立志像一只小鸟一样，远走高飞，虽然最终也回到了他的身边，却没多久就生病，离开了阿甘；阿甘和巴布在越南的时候，巴布牺牲了，邓中尉失去了双腿；对于阿甘最重要的妈妈，也在老年的时候去世，离开了阿甘，最后只有阿甘和珍妮生的孩子相依为命。在我们每个人的一生中，拥有的最终都会失去，所以不妨大胆一点，爱一个人，攀一座山，追一个梦，如同《阿甘正传》里的那一句话："只有把过去抛在脑后，你才能获得前行的力量。"

四、我必亲手重建我世界的秩序

　　每个人都是自己世界的国王，有时候这位"国王"放弃了统治管理权。

　　有的人感觉自己的世界一潭死水，毫无希冀和期盼，几乎一眼望到头；有的人觉得自己的世界险象环生，如开赛车一样超速行驶，时常因紧张焦虑而失眠。

　　当我们不能全然接纳和全然地去爱自己时，我们也无法轻松地拥有幸福和快乐，因为当我们面对任何好的事物都会惴惴不安，潜意识里觉得自己根本配不上。所以，当有人遇到一位优秀且深爱自己的伴侣时，骨子里又觉得自卑，担心无法长久，最后还是导致了一段佳缘无疾而终。

　　上天不会因为生活在水深火热中的人"知足常乐"而心存抚慰，往往最后成为上天宠儿的都是那些面对生活的艰难或不公，不安于现状而奋起拼搏的人。

　　《周易》曰："天行健，君子以自强不息；地势坤，君子以厚德载物。"意思是说，天刚强劲健，君子处事，应像天一样，自我力求进步，刚毅坚卓，发奋图强，永不停息；大地的气势厚实和顺，君子应增厚美德，容载万物。凡是世上自强不息者，在山穷水尽之时，上天总是会赐他柳暗花明。生存本就不简单，没有成功是一蹴而就的，人人无不经历九九八十一难。遇到困难就退缩，遇到拦路石就返回，摔倒了就不再爬起来，静候着鲜花满园？世上没有那么简单就成功的事情，也没有一路顺风的人生之路。

举世闻名的迎客松，经过了百折不挠、向上求生的过程，终于才成为巍峨黄山的传奇标志。尼采曾经说过："拥有生存意志的人，可以想到任何生存下去的方法。"

没有一个人的生活和另一个人一模一样。如果每个人的生活都是一部可改变的电影，你希望自己这位导演要怎么主导接下来属于自己的影片呢？

房间的整洁程度能看出你的生活状态

一个人的自我约束力，会因为个体长期处于无序的环境中而降低吗？心理学家通过研究得出，一个人所居住房间的整洁程度能反映出他的性格、自律性和生活状态。心理学家认为长期生活在杂乱无序的房间里的人，对于时间的合理规划和理性情绪控制能力较弱，更容易因为乱放东西而增加找东西的时间，长期下来，性格会变得不受控制，比较易怒，做事变得比较冲动，容易做出随意、不理智的行为。哈佛商学院经过多年的研究也发现：幸福感强的成功人士，往往居家环境也相对更干净整洁；而不幸的人们，通常生活在凌乱肮脏中。我观察发现，一个成功的企业往往窗明几净，内部办公环境和管理井然有序，反之，濒临破产或发展不顺的企业，就有很多杂乱的角落。正所谓："你所居住的房间正是自身的折射，你的人生其实就像你的房间。"

其实不管是居住房间还是办公的区域，在打扫的过程中，就是一次断舍离的整顿，回归简单和明朗，对重要与非重要的事物分类、处理、选择、扬弃，整洁的环境也能看出一个人逻辑性、管理习惯和做事的条理性。

居所从大门打开，眼睛望去皆是一个人和一个家庭内部协调性的投射。

一般在家居环境检视中，首先能看到的标志区域是每一家放鞋的地方。在大门外一般会放鞋柜，也有些是鞋架。我曾经见过最夸张的是，一家人在门口放了整整一面墙的鞋柜，还有两个多层鞋架，然后柜子上面高高堆砌了 10 多个鞋盒子，每次经过，我都担心最高处的鞋盒子会掉下来。显然，他们家里鞋子还是放不下的，因为鞋架地上还散放了七八双鞋子，经过时还能闻到臭味。有一次，出于好奇，我顺带看了一眼他们屋内，原来进门后还有一排鞋柜。其实从鞋柜和鞋子的管理上，能侧面折射出每家人对家里物品的收纳习惯和整洁的态度——是否家中物品多到不忍丢弃，依旧在无节制地购买？是否对家中物品进行了妥善分类和清洁管理？

我家有过几次大搬家，每一次我们都会做全屋物品整理。记得最早没有收纳管理习惯时，我曾在一个收纳盒里整齐码放了整理出来的 18 个新打火机和 6 个红酒开瓶器。当我把这"壮观"的收纳盒拿给妈妈和丈夫看时，他们觉得很不可思议——为何家里有这么多还经常找不到？后来我们又整理出 30 多把新牙刷和 20 多卷新垃圾袋……因为从来没有进行物品定位管理，买了新的就随意摆放，等到用时找不到，就以为用完了而不断囤货，最终导致物品大量堆砌的夸张情况。

家里的脏乱也会带来思想混乱。

每次清理家就等同于清理大脑中的垃圾。建议大家每周做一次小清理，一个月一次大清理，这样会让家中环境变得很清爽，人住里面会更加舒适，幸福感自然会增加。

我们是自己生活的艺术大师。

生活在一个整洁清新、不用总是找东西的房子里，心情也会好很多。家中随处能发现生活美学，回家后，全家人心情舒畅，大家都很享受美观、洁净、有序的舒适环境。

有的朋友住的还是出租房，但也能保持自己的居住环境美观、简洁和有序。这让我想起一部电影——《实习生》。已经 70 岁本该享受生活的本·惠科特（罗伯特·德尼罗饰）年轻时是个事业有成的商人，退休后重返职场，以高龄实习生的身份加入了一家企业。他的衣橱非常整齐，各种领带、西装不重样。有年轻同事参观他衣橱的时候很惊讶，衣橱里还有手帕。年轻人问他手帕有什么用，他说用处很多——比方说给女性擦眼泪。从很多细节里能够感受到他对自己和周围人的用心和负责，也能看出他的淡定自如和逻辑清晰。

其实从家里面干净整洁的程度也能看出生活层次，干净不仅是把房屋收拾干净，简洁也不代表要把所有的东西全部抛弃，而是应该把多余的东西排除掉。房屋是否能收拾干净整洁，也代表着一家人对生活品质的一种追求。具备简洁力的人清楚地知道自己到底想要什么，然后明确目标，满足内心需求。有些人擅长把烦琐变得简单，也有的朋友喜欢宁静的田园生活，因为那里只有简单舒适，没有勾心斗角，没有尔虞我诈。

所以，人贵在知道到底什么应该留下，留下对自己有利用价值的东西，而对于一些没有必要留着的东西，不再会留恋，有时候扔掉反而更加让自己心平气和。

有些人家里堆了一大堆东西，总不舍得扔掉。比如坏掉的食物、不合身的衣服、喝完还没有扔掉的饮料瓶，当家中有重复的物件长期不用，也可以直接扔掉一个。希望通过这些华丽的东西来有效体现自己的地位。有人认为有些东西自己也应该有，这才能够有效满足欲望，而这种受到思想限制的行为，会让我们一时冲动之下，买了很多完全不需要的东西。

心流模式更利于关键目标的实现

人在生活工作中，总免不了负能量的抱怨，即使知道抱怨没用。

抱怨表现出对外界的不满，以及对现状的不接受和无意识抗拒。抱怨的语言和行为多数以批判的形式存在，透露出负面情绪。越否认当下并试图逃离就越感到痛苦，越是接受当下越能从小我思维中解脱出来。习惯性通过抱怨来泄愤，会不断寻找外因让自己更加安心，减少负罪感、挫败感，而忽略当下最需要去解决的问题。

意图是注意力空间的"保镖"——它将有效能的注意目标放进去，把分心物挡在外面。我们运用心流模式可以设定意图、改变环境、减少分心，战胜对某些任务的抗拒心理。

什么是心流的高度专注模式呢？

我体验过心流高度专注模式很多次，最让我觉得不可思议的往往是受时间紧迫度影响，同时又只能专注一件事的时候。备考最后一天，我称之为黄金备考 24 小时。我在那一天的早上 10 点进入一家麦当劳，开启心流模式 14 小时，忘了身处喧闹的麦当劳餐厅。我甚至自动屏蔽了餐厅循环播放的音乐，除了上厕所几乎没有离开座位。第二天我走进考场，考试题目几乎秒答，论述题才思泉涌，还考了不错的成绩。我到现在还记得那家麦当劳的员工当时惊奇地问我："您是什么职业，感觉雕像一样一直坐着工作。"

我们可以想象一下，最近一段时间，感到自己最有效能的一天，有没有为自己感到惊讶和赞叹呢？

刻意地、有意图地管理自己的注意力，人就可以进入高度专注模式。我们要做的就是选择某个重要的注意目标，排除工作中不可避免会出现的所有分心物。

那么，如何进入高度专注模式呢？

每个人运用的方法可能不同，整体来说有四个步骤：

1. 选择某个有效能、有意义的专注目标，或者叫任务清单；

2. 尽可能清除外在的和内在的分心物；

3. 专注于选定的任务目标；

4. 不断地将注意力拉回到这个专注目标。

我在以上步骤里发展出一套自己独有的进入高度专注力的模式，特别在复习应考的过程中，我会想尽一切办法管理我的注意力空间，降低分心物的危害。具体包含以下六个策略：

1. 为了减少外在的和内在的分心物，只选择咖啡厅或安静的快捷西餐厅，一个不到 1 平方米的办公位就能让自己只聚焦工作，周围的人都不认识，只有手上要完成的当下的任务，且因为是餐厅或咖啡厅，不会饥渴挨饿。

2. 要找到专注工作（学习）的使命感和必要性，让专注目标成为更有驱动力的目标。比如写书的强大使命感一定不是为了微薄稿费，而是分享带给人的快乐和成就感。我们可以输出自己的知识和经验，为社会上需要帮助和支持的人带去有效的精神食粮和对策，帮助更多人走出困境，找回幸福。找到使命感而非被迫完成一个差事，可以让我们更愿意刻意地进入心流的练习。

3. 进入心流模式，需要避免做那些无足轻重的事情。曾经我非常喜欢网购，这是我解压的一大乐趣，大多数采购孩子玩具和书籍，也会经常购买生活用品和食品，虽然不属于乱消费，但在完成心流任务时，脑海中偶尔会跳出某个需要购买的物品，这时候会忍不住想看看有没有价廉物美的东西，导致精力分散，专注失败。后来我就定下自己每天固定可以网购的时间，比如睡前 20 分钟，不在白天忙于工作和生活的时候进行。

4. 日历清单等软件可以帮助我们理清思维，减少慌乱焦虑，降低挫败感。很多人都有自己喜爱的效率管理、作息管理和任务清单的软件，每次在写效率类日记的时候，就像是和自我的对话，像一个朋友或教练正与自己一起面对问题，一起商议行动方案。写这类理清思维的日记经常让我进入心流模式，有时能写出 3000 字，对近一个月的状态进行复盘和对策研究。

5. 充分利用人际关系帮助自己进入心流状态。很多人都可以成为我们的助力，也乐意提供信息和意见，除非我们是一个从来不愿麻烦别人，又觉得别人做得都不如自己好的人。我会拜托我的母亲帮我照顾幼小的孩子，也会邀请并感谢我丈夫一起分担家务和应对突发事件，我也会谦虚地请教贵人、老师、领导、同事，借助他们的观点和意见来理清思路，可以帮助我更好地实施目标计划。假如没有家人朋友的支持，我想我很难拥有大段时间沉浸式聚焦问题处理。

6. 有意识地专注，觉察自己走神所需的时间。保持对高度专注的觉察和复盘总结是必要的，我喜欢把西红柿钟作为我的心流管理工具，我也喜欢用日历清单这类软件写每日任务清单，来清晰地制定目标和监督自己的执行情况。

关于如何加强心流状态，约瑟夫·柯内尔曾提出了一个引导心流的心流学习法。他认为心流学习法有四个阶段，分别是：

1. 唤醒热情：热情由个人兴趣和灵敏度产生，有一股强劲的宁静力量。

2. 培养专注：将热情引导到一个安静的焦点。我们可能是有狂热的热情，可具体在做事的时候需要保持冷静和专注，比如我们梦想着开飞机，可是真的学会了坐在飞机驾驶舱，没有一个新手飞行员会兴奋雀跃，只会保持谨慎和专注。

3. 直接体验：精神一旦集中，感官就会敏锐。学开车的最初阶段，因为太关注前方，会非常在意自己有没有开在两条白线之间，车轮有没有太靠左或太靠右，而这一谨慎的特质一般正式开车后1个月内就逐渐忽略了，很多人会凭借直觉开在马路车道中，通过对齐前方的车，而放心大胆地开车了。

4. 分享感动：体验开启内藏的意识力，深深去感受澎湃的喜悦或深沉的恬静。在大自然里有冥想打坐体验的人，会发现自己通过深呼吸会进入冥想的世界，放下脑海里各种嘈杂声音，内心涌起莫名的感动。我们可以尝试跟他人分享此刻的喜悦。

　　心流练习可以通过不断练习而熟练。有一位怀孕 7 个月但心情烦躁的孕妇朋友哭诉生活中的不如意和身体的劳累。我带她走到附近一个环境优美的公园，一路上她都絮絮叨叨地抱怨，直到我找了一个安静的座椅引导她进入冥想，她变得非常安静，后来可以面对和聚焦情绪的发生，并能找到很好的应对策略。她很感谢我帮她找回解决问题的能量，她想通了很多，意识到自己是一个准妈妈，愤愤不平不但解决不了问题，对腹中的胎儿也非常不好。在这个过程中，我没有做什么询问、安抚和引导，因为只要一个人能沉浸在心流中，放下混乱思绪和抱怨，是可以自己找到最佳解决方案和积极状态的。

第二章

读懂自己，找回觉醒之匙

一、从分辨每一天的感受开始

时间越来越成了最稀缺的资源，我们忙到忘了自己，更别提读懂自己。

很多人慨叹命运不好、家境不好、专业不对口、工作不对口……也有很多人其实能力很强，但是自我评价远低于他人对自己的评价。近几年，很多人面对未来很迷茫，开始徘徊不前，从事热爱且得心应手的事业几近奢望。生活充斥着各种安身立命、挣钱养家的问题，而且总有解决不完的难题。我们不断努力地活成家人、领导期盼的样子。但是我们为何忙碌？难道不是为了更幸福吗？

2022 年 11 月《小康》杂志中国现代发展研究中心发布的《2022 中国现代幸福发展指数 72.0》里面指出，有 58% 的人认为缺乏安全感让自己不幸福，有 54.5% 的人认为自己不知足导致自己不幸福，还有 44.8% 的人认为自己过于焦虑，受访人群中 90 后和 00 后占比 55%。从这些数据中，我们能看到，物质生活越来越丰盛的今天，人们的焦虑、不安全感、不幸福感却在攀升，且越来越年轻化。调研报告中也问到了什么事情能给你带来幸福感，排名第一的答案竟然是——从事自己喜爱的职业。

很喜欢一句话："天下无庸人，只需行在自己的轨道上。"我称之为醒觉之匙。不是所有的人都那么幸运，从小就知道自己喜欢什么，优势是什么，最适合的职业是什么。大多数人只是不断接收着身边亲人、师长、领导、伴侣、好友的各种建议，这些建议无一例外以"全是为你好"为出发点，如果我们不遵从，似乎显得很自私。

心理学对人格分类中，有一种人格类型是讨好型人格，莱斯·卡特在《不想再讨好这世界》一书中罗列出了讨好型人格的九种常见表现，大家可以对照一下：

1. 尽管我对是非对错有着自己的看法，但在一个说服力强的人面前，我很少能坚持己见。

2. 如果我让某人感到不安，我也会心烦意乱。

3. 我觉得自己在处理人际关系方面比其他人更费力。

4. 只要有人生气了，我就会进入绥靖者模式。

5. 假如有人质疑我的决定，我认为自己最好有一个正当的理由。

6. 当我做了某些令自己开心的事时，我会以为这是自私的行为。

7. 我的生活充满了这样那样的要求和责任。

8. 我常常让其他人决定我的日程安排和优先级。

9. 我往往一遍又一遍地解释我的理由，尽管这并没有必要。

可以说，迎合／讨好型人格一部分是天生的，但另外一个更重要的原因来自早年父母的养育方式。自我边界模糊，即使内心深处的声音是"我不想这样""这不是我""他们根本不懂我"，一直渴望得到他人认可却又始终得不到，经常缺乏安全感，认为迎合别人能获得稳定的人际关系或情感维系，仿佛他们到这个世界上就是为了他人而活的一种存在。而人的内心是诚实的，违心地遵从，日渐催生出对自己的失望甚至对他人愤恨的情绪，最终积压的负面情绪犹如火山般大爆发。

我意识到自己有讨好型人格的时间比较晚，只知道我一直是乖的、听话懂事的、学习自觉的，所谓"别人家的孩子"。26岁那年，我有幸看了《重塑心灵NLP：一门使人成功快乐的学问》《谁在我家：海灵格家庭系统排列》等一系列心理疗愈的书，开始解读自己和原生家庭，并且运用觉察的力量。我开始意识到有些地方不太对劲。

20世纪80年代初，我出生在新疆生产建设兵团，父母都是知青。生活在一个专制型家庭，学习成绩无疑是最首要和最关键的检定标准。童年回忆里有一幕让我印象深刻。上一年级时，有一次数学期末考试，我刚想交试卷，父亲走进考场（他和校长、班主任私交甚好），无视所有同学诧异的眼神，淡定地走进教室，拿过我的试卷，坐在最后一排，直接开始批卷，然后在其他同学还没离场前，告诉我这次数学得分98，并严厉质问我丢2分的原因，问我知不知错，那种尴尬和羞耻感我至今难以忘记。随后，父亲给我敲定"罪名"——粗心大意，还说这简直是最不可姑息的毛病。

因为那次一年级数学期末考试丢的那两分，当晚我回家跪了很久的搓衣板，外加被轮流训斥几个小时且不许哭。今天看来这两招太狠了，不知道你有没有过类似的经历。不许哭是我家的家规，因为父母认为"知错才能改"，而哭则代表委屈、不接受、抵抗。现在想想，父母的教育战线是绝对的统一，每次教导我必然是"双打"，且没有一个会表现出怜悯和包容，他们有极强的默契度，因为他们认为孩子都会察言观色和欺软怕硬。

我 34 岁那年，和母亲去逛步行街，我在发饰专柜想买一个发圈，母亲凑过来说："戴这个，这个好看。"我说："不是很适合我啊，很小孩子气。"母亲又挑了一个，说："这个最合适你。"我又说："颜色实在不喜欢啊！"母亲最后挑了一个说："那就这个吧。"我最后买了她选的发圈……后来回家的路上，突然想起这一幕，冷汗直冒，我才意识到即使已经懂一些心理学，即使已经 34 岁，我还会习惯性迎合父母，听取父母的意见。当然你也可以理解为这是孝顺的一种表现，但是根本的前提是，一个人知道自己是在刻意满足和哄父母开心而非根本不知道自己最想要什么，不知道更喜欢什么，不知道什么更合适。很明显，我属于后者。

读懂自己，是做自己生命主宰的开始。

当我们开始全盘接受自己的人生经历，公正客观地看待，并开始从抱怨者到奇迹创造者转变，人生就开始反转了。

关注心锚

面对一些不能改变的过去，我们都会怎么看待呢？

有些人持续多年深受过往阴影的折磨，生活有很多痛点和创伤，所以每当人际关系中触碰到过往创伤，就会有应激反应，甚至过激反应。有些人会采取逃避行为，而有些人会直接攻击。

有一位来访者提到自己的母亲，他的母亲是从小吃百家饭长大的孤儿，总感觉寄人篱下而非常自卑，之后在自己的婚姻家庭生活中，一直有极强的自尊心。迟暮之年，和子女同住，依旧听不得家人一句普通的评价和一些中肯的观点，总觉得别人是在说自己不好，动辄就会进行激烈的语言攻击，或者吵嚷要离家出走，让家人非常苦恼。我给这位来访者讲解了心理学中的心锚理论，之后他发现每一次遇到家里某些特定对话或特定环境就会触发他母亲的情绪心锚，于是他和家人们会尽量避免激化和情景再现，最后有效减少了此类矛盾的发生。同时我从人幼年创伤应激反应的角度给他做了一次转念，他也慢慢开始理解包容母亲曾经生存的不易，从不屑和反感到最后的宽容理解，对待同类事件发生的观点也开始转变了。

还有一个案例，一个男孩子曾经被自己暴躁的母亲从小骂到大，他似乎做什么都会被骂，母亲充满鄙视的那句"你这个笨蛋"令他记忆犹新。因此，他对于"笨蛋"这两个字比一般人更加敏感，后来他爱上一个女朋友，女朋友喜欢开玩笑骂他笨蛋，他一气之下就分手了。再后来，他一听到有人说他笨蛋就气愤难耐，有一次他再次听到领导对着他骂"你这个笨蛋"，再也无法忍受，直接拿着刀冲进领导办公室行凶。这个案主的情绪心锚开关就是"笨蛋"，如果他很早能进行针对性创伤疗愈，及时做心锚转念，重新建立对"笨蛋"这个词不同的感受和认知，悲剧就能避免了。

清楚地了解自己的心锚开关或者信念开关非常重要。深深地懂得自己，可以更好地爱护和保护自己不再受到伤害，并且能更清醒地认知自己过激反应深层次的心理需求是什么。一旦能接纳所有的过往并释然，我们就离悦己不远了。

一件事发生后，导致的结果和后续行为并不是绝对的，因为所有事件背后都有处理模式存在，取决于每个人的思想、念头、想法、原则、信念等。当我们懂得运用心锚转换力，就会拥有反转生命状态的力量，继而更加积极正念和宽容豁达。

20 多岁工作后，我开始特别叛逆，面对曾经非常严厉的父母，我会借着春节探亲的酒后吐槽抨击父母曾经的不当做法，而每每都能和父母发生激烈争吵，每一次都是两败俱伤。后来，通过修习心理学，我发现这样的沟通表达方式不是最佳的，就开始不断改变自己的信念系统。我解读专制型父母很多都是自身对未来过于焦虑，好面子和有攀比心理，付出这么多心血培养子女，所以子女无权不优秀，无权出现错误，导致一些父母"望子成龙、望女成凤"的现象。我的父母因为知青下乡而中断了学业，失去了前程，自己的理想抱负是很难实现了，他们自然会希望后代能出类拔萃。很多老一辈父母受教育程度低，那个年代也没有什么教养类的书或课程，他们运用的管教方法带来很多弊端，他们却很固执地认定都是为了子女好，但这样的一代父母，的确也付出了他们当年自认为的最好的、全部的爱。

你看，当我们运用了觉察和转念，对待专制型父母的管教是不是立马态度也有了变化呢？

教孩子弹钢琴也是很好的例子。现在很多家庭都让孩子从小学钢琴，其实多少孩子能考到 8 级或 10 级，多少孩子能因学钢琴对未来学业和事业有帮助，家长们并不能完全清晰，但是因为恐慌和城市里的从众心理，大部分家庭都花钱给孩子去学钢琴。我曾经在一个琴行看到一个 6 岁多的男孩边哭边弹琴，母亲和老师在旁边不断要求、鼓励和督促，后来我问琴行老师这个现象是否正常，老师认为学钢琴最初都是痛苦的，但熬出痛苦后才懂得父母和老师的用心，才会感谢自己一贯的坚持。我想很多家长是赞成"虎妈"的教育方式的，他们认为爱玩并畏惧困难是孩子的天性。对此，我不是完全认可，不是说勤奋刻苦是不对的，而是一个孩子如何能感受到学钢琴的快乐而进入心流状态，这个比强逼孩子按琴行钢琴课进度完成教学目标更为重要。

传统钢琴课带来的问题是很明显的：不是以激发孩子满足感、成就感为出发点，无法触发孩子内在的心流模式来开展乐器的学习和练习，而仅仅按传统教学计划按部就班来完成钢琴乐理、指法和视奏。至少最初的半年至一年，一个幼儿是无法从学钢琴这件事情中得到满足感和快乐感的。因为他们不能轻松弹奏出任何一个让自己和周围人骄傲赞叹的曲子，没有掌声，只有不断地被要求坚持的告诫和激励，只有努力完成课程，不辜负父母的学费投入和精力投入，只是为了父母高兴。其实这样的兴趣学习都无法真正激活孩子内在心流模式，又如何指望孩子非常自愿自主地练习，最后学出惊人才艺呢？

我曾在报道上看到，安徽宣城一位 6 岁小女孩可以同时弹奏双琴，人都没有琴高但弹起来游刃有余。女孩妈妈马女士表示，她是一名钢琴老师，孩子很喜欢弹琴，三岁半时开始学弹古典钢琴，每天都练习。这首《雨蝶》是孩子听她弹奏后听会了，孩子自己摸索着弹出来的。从这个孩子身上，我看到了学习力的精髓，因为喜爱，因为渴望，因为自己稍微努力就能看到成果而更愿意坚持。每天可以自己练琴并轻松弹奏出一首曲子作为表演曲目来练习三年，还是每周被父母逼迫去琴行练琴，被钢琴老师强压学习很多乐理，按传统钢琴练习的拜耳、车尔尼、哈农等琴书练习三年，只为考级，哪一种才是最好的激发孩子学习热情和持久爱好的方式呢？——不同的教育方式，对孩子的启蒙和能力开发是如此不同。

回想一下，我们曾经学自行车、打球或踢毽子等等，基本是因为看到好玩、有趣才想学会，然后随心所欲地练习，从很差的水平到可以达到正常水平，当一个人对要学习的特长或学科感到自信、自豪、骄傲、欣喜，他才会钻进去研究和练习，才会因为真心喜欢而变成自己独有的优势技能。

正念冥想与积极思考

最近几年，很多行业和企业都遭遇了发展的滑铁卢，职场生存更为艰难，大学生就业环境显得竞争更为激烈，而后疫情时代，保持健康的重要性也不容小觑。在这样的时代背景下，你认为生活是负重前行的还是未来可期的？

这是两种不同的看待生活的观点，前者带来沉重感，有些人会倍感压抑和艰辛，而后者却视艰辛为挑战，视困境为破局，爱好峭壁攀岩的人永远不会觉得自己苦累，反倒乐在其中。

我看乔·卡巴金博士的《正念》一书，后来又看了马克·威廉姆斯的《正念禅修》，终于意识到，正念的利益不是知道即能做到，而是需要带着觉察刻意练习。对于每个人来说，时间都是很稀缺的，然而提高自己的专注力，做事一心一意，全身心地投入到当下时刻，就能发挥单位时间的最大效能，所以你的一小时是别人的两小时，是不是相当于你赚得了额外时间？熵增时代，正念与冥想是每个人管理效能非常有效的法器。有的人以为正念和冥想是同一个概念——正念就是冥想，冥想就是正念。其实不然，正念和冥想有着本质区别，正念更多的是关注当下，一次只做一件事情，更强调有意识地觉察，将注意力集中于当下，对当下的一切观念都不作评判。而冥想更多的是通过获得深度的宁静状态而增强自我知识和良好状态。

现在能专心吃一顿饭的人越来越少，很多职场人中午吃便当都会无意识地一心多用，一边吃饭，一边追剧，还能兼顾手机微信和领导、同事对话。周末去餐厅聚餐，细看每桌，总有一两个埋头专注看手机的，我甚至看到过一桌四人聚餐，菜上来似乎很多余，因为每个人都捧着各自手机，忙着拍照发圈而顾不上吃饭。我还见过一个"95后"的小姑娘，下班后在自己家可以一心五用：一边吃外卖，一边敷面膜，一边泡脚，一边打开 iPad 追剧，同时还有一个手机在跟朋友们玩《王者荣耀》。我笑问这么多事一起做，晚餐能吃出香味吗？她说吃饭就是填饱肚子而已，吃什么不重要。

如果你也有这类一心多用，如八爪鱼一样的生活习惯，说明你离心流模式已经很远了。

在吃饭这件事上练习心流，有一个技巧——正念品尝葡萄干练习法，具体如下：

1. 选择一个相对安静没有人打扰的时间段，大概 10—15 分钟来完成练习。

2. 先准备好葡萄干，准备过程需要完成四个关注点：第一是你是如何准备葡萄干的，从哪里获得；第二是你是如何进行挑选的，葡萄干长什么样，什么色泽和大小；第三是关注一下你打开包装盒的动作是怎样的；最后是取出 1-2 颗葡萄干，放在手心观察样子，估计它们的重量。

3. 去打量一下这一颗葡萄干，它有着什么样的纹路？它的两端是不是完全一样的？它有着什么样的色泽？包括它可能有着什么样的棱角？如果慢慢地把手臂拉远一些，对着光来看一看这颗葡萄干，它又呈现出什么样的光泽呢？如果逆着光来看又是什么样呢？如果你觉得自己已经都观察得足够仔细了，可以问自己这样一个问题：如果把这一颗葡萄干扔到一百颗葡萄干里，你是不是还可以辨认出在你手心的这一颗呢？像是一个从来没有吃过葡萄干的人一样，把这个小东西放到鼻子上闻一闻，左鼻孔和右鼻孔闻到的味道是完全一样的吗？

4. 当你将葡萄干放在自己的两唇之间，又会发生一些什么呢？当葡萄干和嘴唇接触的时候，有着什么样的触感、硬度、温度？有没有想要马上咀嚼，让它进入到口腔的冲动？如果你觉得嘴唇已经认识这颗葡萄干了，可以慢慢地把葡萄干送到你的口腔里。

5. 留意它在你的口腔里，你会用哪边的牙齿来咀嚼它呢？留意一下在咀嚼的时候，葡萄干的汁液是如何透过表层渗透到你的口腔里？有没有想马上把它吞咽下去？有没有可能允许这颗葡萄干在口腔里再多待一会儿，细细地咀嚼一下？

6. 如果你觉得已经完成了咀嚼，可以去感受一下这颗葡萄干。从舌根慢慢地吞咽，经过咽喉进入到你的肚子，留意一下这整个过程带给了身体什么样的体验。有什么你以为已经知道，却发现是全新的体验吗？如果你愿意的话，接下来可以用同样的方式，自己完成一颗葡萄干的正念品尝。可以尝试着用你平日里吃葡萄干的方式，来对比一下，与正念吃葡萄干比较有什么样的不同，有什么样的想法，或者是伴随着怎样不同的情绪？

通过体验和练习，这种正念品尝葡萄干的方式可以带到日常的吃饭的过程中。在接下来的这一周时间里，你可以选择一顿餐食作为自己的练习对象。尽量选择一个人，用餐的时候留意一下你会选择哪一种食物？留意一下自己吃饭的时候是不是会有一些冲动，想要去看手机，或者是看电视，或者追剧呢？是否还会惦记工作？是否可以真正地和这一餐的食物在一起，可以全心地品尝咀嚼呢？问问自己，我此刻需要吃下这些东西吗？我的身体什么时候会对我说够了，已经饱了？留意当正念进食的时候，我们和食物究竟会发生怎样的变化。

心流的高峰体验让你成为时间富人

我在这几年考取了国家高级人力资源管理师、国家二级心理咨询师、国家中级员工援助师、国家高级人力资源管理师和国家二级企业培训师。有人说，这么多考试，哪来的毅力、时间和精力呢？我采用的是自动自发的心流学习法。

这些职业认证的通过率一般在30%左右，我是一次性通过的，不想补考，一次性通过的窍门只有一个，那就是考前复习必须用心流模式。

前面说过，我复习的战场大多在麦当劳，我一般在考前1个月突击，因为其他时间要迎考不同的学科，在考前1周进入黄金备战时间，那时候的记忆效果特别好。周一到周五下班后晚上保持3小时学习，周末休息则可以连坐8-10小时。

这样的时间利用率有多高呢？其实，很多有考试任务的人都知道利用时间看书做题，可是还是容易被手机干扰，再处理点杂事，看书做题的时间更少了。为了减少这些影响，我都直接关了手机或者开飞行模式，不上微信。西红柿钟会有 5—10 分钟休息时间，我会用这些事件来记录脑海里涌现的各种杂念 —— 想做的事、想买的东西、想要联系的人。这些杂念可以用一页纸做清单记录，然后学习完成后一起解决，会非常高效。

假如发现自己怎么都进入不了心流模式，我们的心念可能更多的是在过去或者未来中，而不在当下 —— 散乱不定的心念。有研究表示，人在任何一个时刻，可能对正在发生的一切只有部分的觉知，就是说我们会错过很多时刻，因为我们没有全然临在。

我有过切实的体验。一家人最温馨的时刻是共进晚餐，我母亲经常做了一桌美味，可是因为我要不停地带幼小的孩子吃饭，同时满足他被关怀和游戏的需要，我每次吃晚饭都会不记得我吃了什么，也常常听漏了我母亲和我丈夫的对话信息，导致他们常常说你记性怎么这么差。因为平时非常忙碌，我在家里也会经常找不到手机，哪怕上一分钟我才接完电话，就忘了随手放在哪里。这也说明，人的无觉知的状态其实可以在任何时刻占据我们的头脑，继而影响到我们所做的一切。有时我们似乎会处在自动导航状态，机械性地运作，对正在做的并没有全然地觉知，就好像我们只是半醒着。

大家可以回忆一下开车时的觉知状态，有没有发现过自己在开特别熟悉的路段时会注意力不集中，我曾自豪地说自己开车上下班是"人车一体"，无须导航而开得飞快，还一边听歌曲一边用车载音响录制自己唱的歌，其实这是非常危险的。下一回你开车的时候，不妨自己验证一下，看看这个描述对你的心念是否适用。我们开车到某个熟悉的地方，却对沿途的一切没有什么觉察，这是极其常见的体验，越熟悉的路越容易处在自动导航状态中。如果很多事情我们都会习惯性不能全身心地聚焦当下和专注，心念就会倾向于飘向念头和遐想。

美国诗人纳丁·斯泰尔（Nadine Stair）在85岁时曾说："哦，我有过属于我的时刻，如果我能够从头再来，我想拥有更多。"事实上，我别无他求。就那些瞬间，一个接着一个，而不是每天都提前活好几年。

美好源自我们对当下的觉知，我们并没有活在过去或未来，我们只是专注此刻，用心度过此刻，这样的心流时刻会让我们非常享受。

很多职场人认为工作是履行家庭责任的必须劳作，透射出一种无奈，同时也容易萌生消极情绪，带来更多的被动和不幸福感。平时我最常听到的吐槽是，每月付按揭款的压力和找不到更好的工作的无奈，有的人每天上下班感觉跟坐牢一般。这让我忍不住思考，人们到底是为了什么而工作呢？

《积极心理学》的作者马丁·塞利格曼曾经说过，拥有使命感的个体将工作视为比工作本身更大的善举，工作是在履行自己的权利，无关乎金钱和晋升。当没有报酬和晋升时，工作仍然继续。他列举了几个有声望和崇高的工作——牧师、最高法院法官、内科医生和科学家。

一个人蜕变的很大原因来自经受过痛苦历练，当然也有人会因为挫折太多而放弃追求。凡事先想困难并否定自身能力的思维模式可能源自从小父母、老师、长辈的教导："不能""不可以""不行""停下""如果……那么将……"，如果要用一个字来形容这些限制性思维，那就是——"囚"。当人们对很多事束手束脚不敢尝试，很可能会错失更好的工作机遇、爱情、婚姻、爱好、各种新奇的经历。这让我想起奥地利精神病学家阿德勒的故事，童年的阿德勒患有佝偻病，无法进行强烈的体育活动。上学时表现不佳，老师评价他顶多只能成为鞋匠。他的父亲鼓励他说，你必须不相信任何事。即不要被眼前的困境束缚，不能相信当下的困境就是人的一生，而是要勇于突破，大胆创造属于自己的生活。这种坚强的信念造就了阿德勒一生的功名。

这世上卓越的人很少，其原因之一就是大多数人都缺乏深度沉浸的能力。然而获取深度沉浸的能力不能仅靠热情，它更是一项技术，是有方法论的。可惜很多成就斐然的前辈虽然拥有深度沉浸的能力，却很少有人能说清楚这能力到底是什么、应该怎么获取。心理学家安德斯·艾利克森和科学家罗伯特·普尔经过大量的研究后指出：所谓天才，其实并不神秘，其本质是"正确的方法"加上"大量的练习"。换言之，我们没有变得像天才般卓越，是因为方法不对或练习次数不够。

家庭是一个人最好的修炼之地

走进婚姻的殿堂是神圣而浪漫的，很多人却把家庭生活过成一地鸡毛。终日操持家务和带孩子，对三代同堂的生活感到痛苦和焦虑，经常发生纷争，在家中感到压抑窒息、缺少乐趣、缺少独立空间，生活习惯和价值观差别大……

家庭生活"转念自问"方式

1. 抱怨问题：我的丈夫不爱我

转念自问：

（1）那是我的主观感受还是客观事实？

（2）爱是一个名词还是一个动词？

（3）爱需要艺术和交互努力，是否积极尝试接纳发生？

（4）增进夫妻双方的爱意的举措有哪些？

2. 抱怨问题：孩子不做作业爱玩游戏

转念自问：

（1）孩子是父母的"复印件"，父母作为"原件"是否也有责任？

（2）对待孩子是否足够耐心？

（3）是否给予了孩子无条件的爱？

（4）是否运用了更先进的教育手段激发孩子自主学习的动力？

（5）是否用心培养孩子的自豪感而非一味打压、批评、指责、挖苦？

（6）是否把学习的主动性交给孩子承担责任而非压迫带来厌恶、憎恨、逃避？

3. 抱怨问题：我讨厌看到家婆

转念自问：

（1）讨厌婆婆的真实原因和身体感觉是什么？

（2）婆婆是否也讨厌自己？这是主观感受还是客观事实？

（3）讨厌是否来自失望、鄙视、缺爱、苛责、缺乏包容和接纳？

（4）什么发生了就会改变这一局面？

（5）放下对一个人的负面看法和负面感受对自己和家人的益处？

（6）每个人的优缺点互为对立面，婆婆的优点和自己的缺点分别有哪些？

总结：我们认为不该发生的事"应该"发生了，所以我们失望。而凡事的发生都有积极意义，存在即合理。不想发生的事情发生了，不表示我们一定要宽恕或赞同它，而是我们可以看着事件，既不抗拒，也不因为内心挣扎而迷失方向。只要我们停止与真相对抗，行动力自然会变得简单、灵活、仁慈，而且一无所惧。

很多父母对孩子无法专心学习感到束手无策，不管激励还是强逼似乎收效都很低，积压负面情绪，最后逐渐失控而大爆发，损坏了亲子关系。

孩子教育"转念自问"方式

抱怨问题：孩子学习不专心，导致成绩很差

转念自问：

（1）孩子学习不专心是普遍现象还是独有现象？

（2）是否属于已发生事实？不能接纳的原因是什么？

（3）孩子学习不专心一定会导致成绩很差吗？

（4）除了抱怨和情绪失控，有哪些方法更能化解这个问题？

不幸遭遇失业、失恋、离异、丧偶等重大事件而无法自拔，情绪失控，难以集中注意力开展日常工作和生活。

遭遇重大创伤"转念自问"方式

抱怨问题：我总是遭遇不幸，我的命真苦

转念自问：

（1）我经历这些事，背后的祝福和正面意义是什么？

（2）是否属于已发生事实？我不能接纳的是什么？

（3）我还有哪些让自己度过不幸、抚平创伤的方法？

负面情绪的三步脱敏法

感到情绪无法回到正常状态时，《内在英雄》这本书中提供了三步脱敏法：

第一步：每天有意识地感知自己的情绪和感受，一旦发现有消极情绪就向外求援，与他人分享这些感受。学会表达情感和呈现脆弱，同时也善意地支持前来寻求你支援的人。

第二步：及时发现并释放身体积聚的情感。尝试按摩、身体护理、瑜伽及其他多种能提升身体意识的锻炼。

第三步：感受到强烈伤痛和挫败感时，可以深吸一口气，然后用各种声音或方式肆意哭泣、发泄怒火和恐惧情感。在这过程中不对自己的行为做任何评判，只需要表达情感并彻底释放，然后找一种自己喜欢的方式重新振作。例如日光浴、吃一顿自己最爱的美食、看一部喜爱的电影，然后也可以尝试写心情日记与朋友分享。这一步关键是需要确认自己是安全的，并沐浴在关爱中。

　　我在婚姻家庭中也体会到安住当下的重要性。我因为孩子的教育问题和母亲发生过一次激烈争吵，当时只顾着争辩谁对谁错，一抬眼发现三岁半的孩子正头朝着肚子整个窝成一个圈圈。我问他："你在干什么？"他回答："我害怕，我想躲起来，躲在一个贝壳里。"我当时就一下惊觉，这样的家庭争吵对孩子的伤害很大，虽然争辩是为了孩子的教育，但也在伤害孩子。只要忽略心流的中正，就会偏离主题进入激烈指责、人格抨击、大翻旧账和互相讽刺中。

　　当今社会有一个值得关注的现象，有些名人的子女往往难有很大的作为，他们很难企及父辈所达到的成就。这些子女与普通人的子女比起来，在先天素质、教育资源、经济条件上更具优势，为何还会有这样奇怪的现象呢？其实大多数名人都是工作狂，对事业或专业领域有极致的追求，总是忙于自己的事业，往往忽略了对孩子的教育，虽然会为孩子提供令人羡慕的物质条件，甚至可以轻松出国留学，却没有足够的时间和精力去陪伴和教育孩子。正所谓"养不教，父之过"。一个孩子在长大成人后能否拥有健康的人格和幸福美满的生活，在很大程度上取决于他以什么样的态度与人相处，而并不是简单的学习成绩的好坏。可中国 80% 的父母却最关注考试成绩，将是否能进一所名牌大学作为孩子出生后 20 年的奋斗目标。

　　经常得到父母关爱的孩子往往会继承父母双方的优点，形成非常健全的性格。有智慧的父母都懂得以自己特有的方式积极参与到孩子的整个成长过程中，使孩子拥有完整的父爱和母爱，这无疑能极大地促进孩子的情感发展。掌握了家庭生活中心流的运用技巧，可以帮助成人走出情绪失控的局面，摆脱"活在未来"的过度繁忙中，平衡事业与家庭的精力投入，懂得享受当下的幸福。

二、听身体讲你的故事

身体是陪伴我们一生最忠实、最诚实的朋友，可也最容易被忽视和损害，虽然很多时候是无意识行为。

每年很多企业都给员工进行全员体检，福利好的企业甚至针对不同的岗位、性别、年龄、职位等，选定不同的体检套餐。经过这几年疫情，健康问题已经是所有人倍加关心的共同话题。我们口头上都声称不会忽视自己的健康，而实际上玩命加班、贪吃夜宵、爱喝冰饮、彻夜看球、久坐不动的依然大有人在，还有采用极端减肥和尝试各种医学美容的人。我们能否像对待一部精密昂贵的进口机器一样正确对待自己的身体？这是令人深思的。

年龄和身体年龄不一定是同步的

每个身体都有真实年龄的呈现，有些人 20 多岁体检报告已经能够发现很多问题，有些人 30 多岁比 60 岁的人健康问题还严重。我们常会在新闻报道中惊闻不到 40 岁的精英、名人身患重疾或猝死。谈论这些令人感到沉重，但健康的确是人体器官和系统的存在状态和运作状况的客观反映，很多重视健康且坚持锻炼和养生的人即使六七十岁，看起来依旧健康有活力，甚至可以用充满魅力来形容。

年岁虽增，身体器官依然年轻而有力地工作着，甚至还能做很多年轻人都做不到的高难度力量动作，成为名副其实的"冻龄人"——这应该是大多数人都渴望实现的年老时的状态。英国长寿专家拉萨鲁斯教授在 84 岁高龄接受专业测试，发现自己的体能和免疫机能相当于 20 岁的年轻人，而他在 50 岁时还是个大胖子，一样有很多健康隐患。他在接受《泰晤士报》采访时透露了"青春不老"的秘诀，包括以下四点：

1. 对普通人来说，运动与减肥毫无关联。不要相信五花八门的各种时尚减肥食谱，要想减肥就必须少吃。与减肥所需的燃烧大量卡路里相比，作为正常人进行的那点儿锻炼所消耗的能量简直微不足道。即使每周去健身房健身或跑步、游泳、打球，每次平均消耗300 卡路里却没有控制饮食，那体重是不会有太大变化的。因此，拉萨鲁斯每天进食量严格控制在 1800 卡路里，而且他从不吃零食。

2. 把运动作为生活乐趣的一部分，而不是把它看作是一种苦差。拉萨鲁斯认为，运动是预防身心衰老的"灵丹妙药"，不仅懂保养而且会锻炼。他提出独特的概念——"体商"，即 BQ（身体的商数）。BQ 是人体真实健康情况的反映，且能为我们自己控制和管理。

3. 人们完全可以掌握自己老年的命运，不要怪基因和运气不好，关键看如何掌握中年和退休后的时光。很多中青年人已经开始有尿酸高、血脂高、血压高等问题，有些已经发展成为糖尿病、心脏病、痛风等实症，过早开始与药相伴。只要愿意改变自己的生活方式，啥时养生都不晚。积极减肥、锻炼、少吃、多动，并且保持大脑活跃，可以避免很多老年性疾病。

4. 始终保持工作与兴趣爱好的发展。拉萨鲁斯教授 80 多岁仍然担任伦敦国王学院教授一职，还继续写书、做研究——不为年龄所限，始终热爱生活。

很多人认为人到 70 岁就老了，该颐养天年了，很多时髦的衣服和新鲜的事不适合这个年龄再去做，会被笑话。然而中外都有很多 70 岁乃至 90 岁仍然肆意绽放、活出精彩的人。梅耶·马斯克（Maye Musk）是"硅谷钢铁侠"特斯拉的创始人埃隆·马斯克（Elon Musk）的妈妈，也是一位美丽与智慧并存的女性，从年轻美到老，70 岁还在走秀。她说，我人生的一切才刚刚开始。

中国的"神仙奶奶"盛瑞玲 70 岁当模特，80 岁登人生巅峰，92 岁活成 18 岁。退休后开始健身，从普通又发福的退休老人逆袭成优雅女王。她是中国年龄最大的广告模特，她有着标志性的亲切笑容。她优雅知性，气质非凡，体态轻盈，从背后看她曼妙的身姿，很多网友都无法相信她已如此高龄。盛奶奶在接受采访的时候曾表示："年轻的时候没有人夸我漂亮，反而老了以后，很多人说我漂亮有精神。"她曾经多年患高原病，有白内障还有甲亢，因为服药从 90 多斤暴增到 126 斤，肥胖还引起了糖尿病、高血压等一系列慢性病。盛奶奶 70 岁开始"重生之旅"，不仅开始健身，控制饮食，还开始学习形体礼仪、太极拳、舞剑、摄影等，这样的生活不仅丰富多彩，而且她的整个精神面貌也在慢慢变好，不知不觉体重回到 90 多斤。

中国著名的男模特王德顺，59 岁开始练习健美，79 岁登上 T 台，82 岁的他是中国最受关注的男模特之一，令人敬佩。只要有梦想，一切都不晚。法国《巴黎人报》以及英国《泰晤士报》《独立报》都对这位"超模"给予了非常高的赞扬。英国《独立报》网站曾报道，自从赤裸上身走上 T 台之后，80 岁的王德顺被誉为中国最帅的大爷。王大爷在接受采访时表示："年龄的增长并不意味着就开始戴上助听器或者等待葬礼的到来。在 80 岁，我的梦想也算实现了，但是人生仍有继续向前探索的潜力。"这是一个不放弃人生态度的典范。

年迈时依然能保持生命活力和热情，享受美好并创造奇迹，他们活出了老年人的榜样，更激励了无数年轻人。每当我看到这类报道，都会立即转发给我身边 60 岁就嚷嚷自己老了不适合运动和外出游玩的亲人，给他们带去正面激励，当然更多的是激励我自己。

激活身体能量，倾听身体诉说

生病和感到身体某些地方不适，其实是身体给我们的健康提醒，也是在告知我们需要检视一下生活状态。

生育孩子是女人一生极其重要的体验。我在宝宝出生后体重猛增 30 斤。因为不断进补，有时清晨起来会出现手指麻痹。体检后被医生告知尿酸和血脂都偏高，再不重视会有痛风的问题。曾经我能走楼梯一口气爬上 33 楼的家中，不须中途休息，曾经敢秀马甲线和能跑半马的我发现就楼下跑个 3 公里也气喘吁吁。衣服从原来 M 码变成 XL，甚至发现不用买新衣服了，因为可以穿母亲肥大的衣服。每天忙着带宝宝而经常懒得涂防晒霜和护理皮肤，结果有一次带 2 岁多的宝宝去医院打疫苗，有一位老人问我是宝宝的奶奶吗？我哭笑不得。回到家后在镜子前面呆呆看了自己很久，曾经轮廓分明的鹅蛋脸变成黑黄圆滚搞不清什么形状的脸，胳膊粗壮得跟小腿一般，锁骨完全找不到了……我当时痛下决定：不能继续这样活了，要开始找回自己，重新绽放。

之后的 2 年里开始重新回到健康饮食和锻炼身体的轨道中，逐步从 136 斤瘦回 106 斤，当重新穿上 M 码衣服后，有种找回少女的青春和活力感，还请教了国内资深形象穿搭教练从色彩穿搭诊断到衣橱升级，再到精致妆容和优雅气质的技巧学习，再也不担心会被认为是我家娃的奶奶了。

身体最诚实 —— 唤醒身体感知力与爆发力

重新开始健身后，有一段时间感到举步维艰，肩膀和后背因为经常伏案而驼背前倾，所以瑜伽动作基本无法完成，去健身馆练习动感单车不到 10 分钟我就败下阵来，灰溜溜逃离课堂。在搏击操等一些快节奏的操课上，我感到自己就像一个老牛，气喘吁吁，手脚笨拙。当身体的确既迟钝又缺乏力量时，我知道指责抱怨和否定自己是不对的，而是需要用心流的力量正念当下——过去的都已过去，未来皆可谱写，只需要做好当下。

在健身馆有幸邂逅了 2022 年豆瓣热门健身图书 TOP10 的畅销书《囚徒健身》，这是一本教人如何练出能用的力量、极限的力量、生存的力量的书。作者保罗·威德在美国严酷的监狱中待了 19 年，而且都是那种特别残暴的监狱，生存环境恶劣。他刚入狱的时候比较瘦弱，所以他锻炼的目的就是能够在监狱里活下去。没有高大上的健身馆配套设备，一块和身体差不多大小甚至更小的地方，对于囚徒健身的大师们而言就够了。他们的身体就是一座健身房，他们需要的只是可以抓住和能让自己吊在空中的东西。

这本书封面上几行字无声拷问了所有男性，也让很多女性反思身体能力的可能性：

多少人具有真正能派上用场的运动能力呢？

多少人能俯身来 20 个完美的单臂俯卧撑呢？

多少人的脊椎足够强健、灵活、健康，能够后弯腰摸到地板呢？

多少人能单靠膝盖和臀部的力量单腿径直下蹲至地面再站起来呢？

保罗·威德说："我不谙世事，但是对狱中训练尤其是自身体重训练却熟稔在心。我在狱中度过近 20 年，我并非以此为荣，只是事实的确如此。在这期间，我做了 25 万次俯卧撑，还有差不多同等数量的自身体重深蹲。狱中岁月，锻炼身体就是激情所在，我甚至痴迷于此。正是因为锻炼身体，我头脑清醒，而且直到现在我依然身体健康也有可能受益于此。"

保罗是健身牛人这一传闻在监狱中不胫而走，狱警间隔 40 分钟的巡逻期间，发现保罗前后两次始终都在进行训练。监狱生活像是一场残酷的洗礼，就像保罗通过健身彻底戒断了海洛因，没有杠铃、哑铃和昂贵复杂的精美器械，也没有各种达到"肌肥大"效果的蛋白补充剂，监狱的伙食和 3 平米的囚室同样可以让瘦弱的囚犯变得孔武有力。

这本书导正了我健身的误区，并开始对锻炼身体的核心力量、肌肉力量有信心，也重新让我与自己的身体开始联结，让我拥有了对身体的掌控权。所谓"身心协调"，就是身体充分展现了内在的状态。我的身体就是我无意识的自我表达。

三、念头在升起，情绪在翻涌

念头恐怕是最狡猾的东西，抓不住又放不下，总是深藏在我们的感知之外。我们不断被念头掌控，又因为一念而起影响了态度和行动。

人的念头多如牛毛，到底多到什么程度呢？有人说是每秒50-200个，也有人说一秒上万个念头。佛家经典经书《仁王经》中有这样一句话："一弹指六十刹那，一刹那九百生灭。"在这里，生灭并不是指人的生老病死，而是指的是人的念头。

一秒钟为两个弹指，两弹指就是十万八千个念头，也就是说人一秒钟可以有十万八千个念头。在吴承恩所写的《西游记》中，十万八千里的取经路，除了指真正的取经路，还指的是唐僧师徒四人心中有十万八千个杂念。从东土到灵山的距离，刚好是十万八千里。孙悟空从东土到灵山，只需一个筋斗就够了。所以，孙悟空翻个筋斗是十万八千里，正是为了对应佛家的经典："一念成妖，一念成佛。"

我曾经有段时间一躺下就发现大脑依然很活跃，像放电影般不停地回放白天发生的事，甚至连前些天的事也回放。似乎有另一个勤奋的我不停在继续工作，脑海里不断闪现近期没完成的事，还有要买的东西，还需要联系的人，感觉脑子里有很多人在开会，不断有任务清单飞出来。幸而我之前看过很多精力和时间管理的书,懂得清空大脑的必要性,这时候立即拿起手边的日记本(有时用手机备忘录),快速写下这些希望去执行的大脑提出的"重要任务",全部写完后,我跟自己对话:可以睡了吧?所有事明天继续处理,只要睡好觉,没有做不完的事,淡定。而对话完毕一般 5 分钟后我就能轻松进入梦乡。

生命的品质取决于定和静。《增广贤文》中有"两耳不闻窗外事,一心只读圣贤书",坐得多定就有多大成就。我们的头脑产生念头,念头引起情绪,情绪也会反过来影响念头。如果是不良情绪,反过来会产生不良念头,然后回到大脑进行恶性循环,情绪越来越强烈,念头越来越执着。导致自己如被恶魔控制,陷入不良情绪和念头中,无法自拔。保持觉察,就是超脱头脑,觉察到这些念头和情绪。这时,并不是另外一个新念头来觉察旧念头,而是不再起念,能专注、定静,不受外界干扰。

定和静的对立面是急躁和飘飞,人在这里,心却不在。周围的每个人和每件事都影响到自己。现在很多高中生进入到向高考冲刺的阶段,他们耳边每天都是老师和父母的叮咛,内心自然都清楚身份和目标,但的确有很多学生在上课时发现自己不受控制地神游,有时会想到家庭中父母的不和谐,有时脑海浮现某位异性同学,有时又会想到考试的压力和父母过高的期望。人看似静坐课堂上,脑海里却在翻江倒海,无法专注听老师讲的重要内容,等意识到自己走神,发现已错过关键信息导致听不懂。回到家里做作业,发现自己仍然不受控制继续神游万里,遇到难题,笔停在空中,脑子里似乎正在放映精彩大片,自己沉浸其中成了观众。

电影《白日梦想家》就生动刻画了男主大脑经常不受控制闪现

如科幻片般精彩念头的有趣特征，人的大脑的确可以不断飘飞各种杂念，极具想象空间。如果我们任由自己陷入这种不受控的状态，每天不停看手机、刷视频、闲聊、乱想，从来不尝试冥想和静思，长期下来不仅学习或工作效率低下，甚至会令睡眠质量下降。

平衡身体的阴性能量和阳性能量

提到阴性和阳性能量，有些人以为女性就是阴性能量，男性则为阳性能量，假如一个男人被说阴性能量很强，会认为是不够阳刚，其实这都是误解。这里所说的并不是按照性别来划分的阴和阳。每个人的体内有阳性能量也有阴性能量。

普遍来讲，阳性能量代表理性、逻辑、专注力、主动性、稳定等，更偏向于做事，具有开拓性的、攻击性的、向外争取的能量，控制欲和目的性都很强。阴性能量则更多地帮助人们和内在智慧相连，能更轻松地感受到爱和关怀，善于表达自己的情绪，内心更加的细腻丰富，更偏向于感性，具备情感、爱、关怀、同情、滋养、接纳、感性、直觉等特征。

我们需要平衡内在的阴阳能量，才能在身心灵各个层面上达到平衡和谐的状态。当阳性能量提升后，会发现内心更容易燃起强烈的愿望和特别希望达成的高贵、美好、令自己自豪的目标，因为愿力非常强大，就会付诸具体行动中，更加能持续坚持，克服种种困难，最后能实现常人眼中的奇迹！

对于男性来说，阳性力量帮助他拥有魄力、果敢、斗志、决心和行动力，能遇强则强，就算跌倒也能很快爬起，而阴性力量帮助他感受到同理心、情感、爱和关怀，能有效表达自己的情绪，能够控制和平衡自己的欲望，能允许自己失败、放慢脚步，也能释放真实情感。如果男性非常缺乏阴性能量，会缺乏细腻情感和体察他人情绪的敏感度，有时表现得急躁而麻木，缺乏同理心和共情能力。

对于女性来说，阴性能量几乎是天生具备，就是我们常说的阴柔之美，还有母爱的温柔、慈爱、共情能力等。阴性能量足够强的女性能自然畅通地抒发情感，能够付出爱也能感知并享受他人的爱，愿意示弱和得到帮助，情感细腻且感知敏锐。而女性具有阳性力量则会让她更有决断力、有勇气战胜困难，建立自己的边界，更有事业心和理想抱负，面对矛盾时会关注结果和事实而非陷入负面情绪。如果女性非常缺乏阳性能量，会容易情绪化、充满不满和怨恨，也会过于软弱和被动、过于天真和沉迷幻想，容易过度依赖他人或不断牺牲自己利益。

阴性能量和阳性能量缺一不可，每个人都可以觉察自己是否内在能量平衡。每个人都带有一个阳性（集中的）能量和阴性（不集中的）能量的百分比。这些和性别关联不大，假如一个人阳性能量很强，不管性别如何，在人生经历上比较多地会更具支配性、目标感和魄力，反之如阴性能量偏高，不管性别如何，更能忍让、更有创造力和拥有细腻情感。

如果我们明显觉察到自己凡事容易过度悲观、敏感和无力，说明自身阴性能量太重，这时可以多增加户外活动，多晒太阳，多进行运动和社交，多看积极励志的电影或书籍，多听激昂振奋的歌曲或音乐来增加自己的阳性能量，也可以多和阳性能量非常强的人相处；如果发现自己经常行事冲动、喜欢控制和责骂、喜欢当工作狂人、容易与人产生激烈冲突、家庭失和等等，这很可能是阳性能量过重，可以通过禅修、冥想、瑜伽、大自然中静坐、阅读优美文学作品、听柔美的音乐等方式调节，也可尝试多与阴性能量富足的人相处，让自己节奏慢下来，重新获得宁静的力量。

通过平衡自身的阴阳两性的能量，可以逐渐让自己游刃有余地穿梭不同的事情和场合，并且懂得接纳并欣赏自己内在不同的能量变化和独有魅力。

电影《史密斯夫妇》的女主人公简非常独立，有事业心、决断力和非凡魄力，同时也有柔情万千、性感迷人、小女孩般无助和难过的一面。男主人公约翰除了战斗力、责任心、保护欲和占有欲的阳刚魅力外，也有猜忌、失落、迷恋、忍让和为爱牺牲的特质。家庭中其实每一个人都具有不同的能量，能量不但会转换也会互补，可以去对照、调整。这样的察觉需要进入非批判和争斗的心流模式，因为一个深陷情绪而无法理智分析的人，几乎无法接受任何告诫或建议，同样一个认为自己无坚不摧、无所不能的人，也可能会看不起他人的脆弱、失败和缺陷。

宽恕之道

我们所看到的外在世界，只是心灵内在状况外显的图像。所以当我们无法接受和原谅他人，特别期望改变一切的时候，内心很难保持平静。我们也许会试图靠操纵周遭的一切去解决问题，或是百般努力调整它，好让自己舒服和愉悦。

我们生气或不开心是因为真的他人有错，还是因为我们自己失望而愤怒？在每个人的心灵之外，没有别人，只有自己。我们看他人的方式，往往就是我们看自己方式的结果。

　　比如，我总是无法接受我爱人去买他的衣服，需要很多的比较还不能决定，甚至有时花了半天时间一无所获而放弃购买，这是我无法理解甚至无法接受的。在他看来，并没有什么过错；在我看来，就是浪费了宝贵时光。我表示看不惯，表示担忧他的效率管理和决断力，可是他也表示这是他的自由，他不愿意讲究和随便乱买。我们都没有错，但是我为何感到不悦？其实也是因为我从来不许自己浪费糟蹋时间，不可虚度一秒光阴。从这个角度来说，我对自己更为苛刻，我对他人自然也非常苛刻。我自己无法任性地放松，其实我也不愿看到他人任性地放松。

　　我们看这个世界的方式，完全是依赖我们自己的选择。如果我们认为某人是很不好的，这只是因为我主动地选择用这种方式去看对方。

　　而事实上，我们可以选择用不同的方式去看他，那结果就会大不同了。另一种"看"或"判读"的方式，也应当被允许。我们评断他人，就是我们在做一个选择，如果我们有在做选择，那么我们就会有个决定——我要怎么看待问题和看待他人。一旦察觉到这个，我们就开始拿回理性思考的主动权，就可以转念，做出不同的选择。

　　比如我忧心我的孩子从小会不会因为看电脑和电视而近视，我也担心他遗传我和孩子爸爸的近视眼，于是我每天不厌其烦絮絮叨叨，有时也会很生气，觉得这样的提醒真麻烦。如果用转念的方法换个角度思考呢？——如果未来 60% 以上的孩子都有可能会近视，而近视已经可以得到很好的医学激光治疗，那么我焦虑和不悦的次数是不是可以更少？

　　《论语·卫灵公》第十五中记载了一个故事，有一天子贡问孔子："有没有一个字，可以让人终身信奉的？"孔子回答说："其恕乎！己所不欲，勿施于人。"这就是"恕"字之道，孔子把"忠恕之道"看成处理人际关系的一条准则，大道至简，天底下似乎一切的人际关系的智慧都浓缩在了这个"恕"字之中。

"恕"是人类最大的智慧，更是一种人生道场的修炼，"恕"在心间，可以帮我们从过往经历的很多怨恨中走出。

曾经历过父母的不当教育、过度教育、缺失教育的人并不在少数，很多"70后"也经历过生长在兄弟姐妹很多的家庭，父母的爱不均等造成心理失衡，而很多"95后"、"00后"又会生长在几乎只需要学习的时代，父母都忙于打拼，物质条件比过去几十年都更充沛，很多孩子被送往国外读大学，深深的孤独、脆弱、迷茫、敏感和无力却是父母无法理解的，最后代沟变鸿沟。

在很多夫妻失和的家庭中，也常常看到吵架因一事而起，但吵出多年积怨，最后双方忘了因何而吵，互相苛责，"战争"不断升级，甚至闹离婚。当我们运用心流的工具开始静下心来读一读自己，然后读一读对方，就能发现自己和对方每一次愤怒情绪都会有背后触发问题，每当这类问题出现，就像地雷的引线，踩中即爆。很多吵架都从最初的有一说一演变为情绪发泄和指责，而不是围绕问题的解决。对伴侣期望越多，伴随着失望也越多。一旦用"恕"看待问题，其实很多架都吵不起来，因为我们终会明白每个人都有缺点和会做错，世上没有完美伴侣和完美婚姻，需要带着察觉和"恕"的心态看待问题。

很多人在职场也会遇到自己不喜欢的上司、下属或同事，有的老员工遇到空降的管理层，互相看不顺眼。若总是关注和挑剔下属的不足和失误，没有哪个下属能激发内驱力和创造力，他们很难信心十足地独当一面。若下属总是对上司缺乏认可和信任，不能心齐力坚，也不会有哪个上司能放心授权和栽培提拔。采用"恕"之道来重新看待，会发现职场几乎没有处不好的人际，每个人心态可以更加阳光，带来的正面意义就是工作动力更足，心情更好，解决问题能力也会不断提升。

破除藩篱，清除迷障，高效的关键

我很欣赏高效的人，也一直行在让一切更高效的路上。这里的高效不仅仅指的是做事效率高、速度快，而是眼前有一大堆待办事项和乱如麻的思绪，可以迅速找到迷宫通道并用最省力和最有效的方式搞定。

如果所有堆在眼前的事都要一个个按顺序列清单，然后给自己很大的压力——我一定要克服困难，拼尽全力都完美做完，那就会有更多的加班，甚至无效加班。我们需要思考的是在一堆任务和杂事中，究竟先做哪件事？哪几件事可以并行或授权他人？哪件事是对近期的工作或生活意义最重大的？这些思考非常有必要。善于分析关键要事、关键路径（方式、方法、对象、工具）、关键步骤的人都很懂得运用杠杆原理。高效的秘密，就在于我们怎么去做选择，做哪些，不做哪些；先做哪些，后做哪些。高效并不意味着超额工作甚至牺牲家庭生活和个人健康。

很多时候，意念都如同改变人生、创造奇迹的希望的种子。To Do 的决定和行动就是播下希望的种子并开始耕耘，我们不是没有听到心的呼唤——我想要的是什么，而是在听到后首先会习惯性打压自己——"这太难了""我可能做不到""别人怎么看""我曾经失败过""其实不做也可以"。因此我们经常是自己思维的"囚徒"，困住我们的根本不是真正去实现目标的难度，而是深陷无法实现的思维中。

　　每个人都曾经对某个运动、某个乐器或某个爱好感兴趣过，有些人把这件事通过刻意练习变成优势和特长，有些人因为觉得很难就此放弃。我曾经学游泳长达 6 年，以致于此后的十多年认为自己今生都学不会游泳。

　　我父母都是控制型人格，从我 12 岁至 18 岁的每一个夏天，我都会被拖去小河边学游泳。能轻松游过一条河的父母认为，自己怎么可能教不会自己的孩子游泳，游泳跟骑自行车一样是多么容易的事——这像不像很多高学历、高收入的精英父母对待孩子学习的坚定执着。

　　后来，父母总算放弃教会我游泳这件事，我默认和接受自己此生只能做"旱鸭子"。没想到在 30 岁的那一年去水上乐园玩，在一个很浅的戏水池里我和朋友们玩比赛憋气，我试划了几下水，居然游了几米，旁边的几个朋友惊奇地说："咦，你怎么在游泳了？"我站起来看了一下，还真的游了几米远，于是再试一下，先漂起来再划水，又轻松游了几米……那一次，我是如此兴奋，跟中了大奖一般。随后，我就申请加入了广州的一个游泳兴趣群，每次去游泳我都会先仔细观察别人的标准泳姿，然后模仿并虚心请教。从可以游 25 米到连续 50 米，最后一发不可收拾地采用蛙泳姿势连续游了2500 米，再后来可以挑战 3000 米，这一切的实现仅仅用了 3 个月。后来，我对自己充满信心，又开始自学仰泳和自由泳、蝶泳和潜泳，直到现在，游泳对我来说已经是放松和休闲的运动。

　　因为 6 年也没练成的技能，短短几个月就突飞猛进了。从惧怕和认定自己不可能学会游泳，到把游泳变成自己的特长爱好，这中间的确有让事情更高效的因素存在，凡事都有法门和关键开关，能高效学会游泳对我来说有三个关键：

1. 改变局限认知——我可以很快学会。

2. 找到关键窍门——漂浮和放松的感觉。

3. 更专业地学与练——找游泳教练或加入游泳组织。

每个人一生的成与败、荣与辱、福与祸、得与失，最终决定了每个人命运的幸运与幸福感。有的人之所以能比别人更早地实现成功的目标，成为让人敬佩羡慕的人，是因为他们高效把握了人生的几个重要阶段。当我们放下内心习惯性自我否定的声音，找到最佳路径，都可以高效实现我们的人生目标和愿望。以下六个技巧有利于我们更好地成为心想事成的高效人士：

1. 有企图心和目标感——想要的决心与结果导向。

2. 善于找关键和抓重点——高效思考的能力。

3. 完成比完美更重要——立即去做的能力。

4. 把握 20% 最具决定意义的人和事——精力管理的能力。

5. 善于合作与授权——分工与整合能力。

6. 坚定地长期去做——持之以恒的能力。

效率大师博恩·崔西曾经说过："成功最重要的前提是知道自己究竟想要什么，没有目标的人在为有目标的人达到目标。"制订一套明确、具体而且可以衡量的目标和计划后马上去做，这也是高效人士秉持的做事理念——没有行动，再好的计划也是白日梦。

四、既然反抗不了潜意识，就积极享受

直觉的智慧

心理学大师卡尔·荣格认为心理功能有四种类型：思维、情感、感觉、直觉。其中直觉是非理性的，是获取无意识体验的方式。爱因斯坦感慨："直觉是人类神圣的天赋，理性是人类忠实的仆人。我们创造了一个忠实仆人却忽视天赋的社会。"

人对于未来经常会充满担忧和顾虑，会缺乏安全感，可安全感到底从哪里来呢？《追随直觉之路》一书的作者约瑟夫·坎贝尔认为：追寻直觉是一段将你给这个世界的礼物，也就是你自己达成圆满的历险之旅。我们的一生似乎有很多的"怕"，总想控制局势、控制身边的人、控制任何可能发生的不好的事，无法出于爱和善意用平常心对待自己和他人。直觉的智慧和内观训练可以帮我们打开五感六觉，找回内在的平静力量，甚至可以找到灵性和超越自我的能力——人类有共通的神性、善意、对爱的渴望，因为美好一直都在。

弗洛伊德曾将意识分为意识与潜意识，潜意识又分为潜意识和深层潜意识。有时潜意识会发出提醒和警告，有时会让我们更加关注到自己的需求。打个比方，坐在公交车上，你意识到对面有一个人冲你很凶地瞥了一眼，潜意识会想：这人咋回事？认错人了还是觉得我哪里做得不对？而深层潜意识可能会让你心中立即产生了跌宕起伏的波动，你感到很生气，继而想到平时自己总是忍辱负重、委曲求全，连路人都可以欺负自己，于是潜意识让你产生了一个下意识的动作——你对着对面这个人也凶狠地瞥了一眼，并发怒地说了一句：看什么看？是不是有毛病？也许对方此时也积压了平时很多怨恨，于是两个陌路人开始了公交车上的激烈争吵，最后两个人带着怒气下车，开始一天的工作。

在服务业工作过的人可能听过五感六觉的感知和运用。五感是指客户感受到的尊重感、高贵感、安全感、舒适感、愉悦感；六觉是指：视觉、听觉、触觉、嗅觉、味觉、意识（意觉）。五感六觉对于调节我们的身心也一样适用。比如有一个学生要迎考，整天熬夜复习，实在太困，他的大脑提出继续奋战，而潜意识通过犯困、身体不适、反应迟钝等等表现出身体的不满，似乎在提醒自己此时需要睡觉，这时如果能听到潜意识的呼唤，快速睡半小时后再继续复习，会事半功倍。唤醒我们对五感六觉的感知，并且尽可能满足内心的需求，我们就会重新获得内在战胜困难的力量和好的心情。

如果在生活或工作中，你发现总是会对某一类人产生特别强烈的负面情绪，总是按捺不住自己的火气，那么也可以运用觉察和反观来发现我们的潜意识。比如可以问问自己：这个人到底哪里令我不舒服？是他说话的口吻、样子，说话的内容还是说话的态度？不断往下深挖原因，答案会浮现在你的心里。同理，如果总是会梦见一个人或一种场景，醒来会感到生气、愤恨、悲伤、压抑等等，也可以用察觉的方式问问自己：总是梦见这个人或这个场景到底是为什么呢？梦见本身没有对错，这个梦到底激发了自己什么样的情绪？

运用心流模式能帮助我们回归内在，不带批判地思考梳理，平静地问问自己，每一种潜意识的背后，映射了什么问题或情感？比如有的人最讨厌被别人催，潜意识里很可能是小时候被父母激烈催骂的童年创伤，可能有反抗或不满的情绪未被释放。而假如发现自己总是讨厌某一个同事或领导，也可能潜意识中把此人当作某位重要的亲友的投射，代表着曾被压抑的某种状态，或代表着曾经的嫉妒、不甘、想反抗和爱的缺失等未曾得到重视和允许的情绪。通过觉察内在，我们才不会总是被冲动的情绪所控制。

心随意动，知行合一

很多研究表明，心流状态下的静思、内观、觉察，可以提高人的心理机能，促进健康长寿。在美国的一些学校中兴起"超越沉思"的静思疗法来发展学生的内在潜能。美国各科研机构通过对200多所学校和教育研究机构的600多项研究调查表明，静思可以有效地扩大个人对生活和社会的信心，增强整个大脑的机能，促进生理机能，有益于积极的行为和形成平和健康的心境。

美国伊利诺伊大学的科学家们也曾对40名学生进行静坐生理实验观察，观察表明：只要静坐5至10分钟，人的大脑耗氧量就会降低17%，而这个数值相当于深睡7个小时后的变化，同时发现受试者血液中被称为"疲劳素"的乳酸浓度，也在不同程度上有所下降。研究人员表示：人每天静思冥想两次，每次20分钟，是预防心血管疾病的有效方法，其对神经激素和部分神经系统也可起作用，有助于缓解一些其他疾病的症状。

拧过衣服的人都知道，拧完的衣服展开后皱皱巴巴的，看着很不舒服，心生别扭。做人也是，最害怕的就是拧巴。自己想要又怕得不到，想给别人又舍不得，想放弃又惧怕损失，想争取又惧怕劳累，自己分明很在意，却对外表现出无所谓，活着真累！拧巴的人，不仅自己不舒服，也会让别人不舒服。

有时我们的内心渴望去做一件事，而我们的大脑会百般阻碍，生出无数杂念让自己被影响和被打断，最后让自己感到挫败，给自己消极的信念：我做事就是无法专心、我很差劲、我有拖延症、我能力不行等等非常多的自我批判。这些如果用正念觉察去看到，就能够避免陷入情绪旋涡，忘却了时间流逝、环境和他人的影响，没有恐慌、逃避、抵抗、否定的情绪和心理状态，而是能够心无旁骛、全神贯注沉浸其中，做到知行合一，这就是达到了"心流"的状态。而一旦进入了这样的状态，会让我们感受到非常愉悦，带来文思泉涌、妙笔生花和效率惊人的成果。

幸福源自清晰使命和专注当下

生活不会因我们的不愉快而改变轨迹，更不会掉头重来。"世上本无事，庸人自扰之"。人生烦恼都是我们内心的投射而"自找"的。世界上没有绝对的幸福，只有不肯快乐的心，许多时候我们总是太过固执，执着于自己的玻璃心，总是抱怨别人做得不好，却忽视了自身也并不完美，因为忙着抱怨和指责，很难有闲暇去用心发现生活中的美好东西，以至于丧失了快乐的机会，也就感觉不到幸福的光芒。

在我的职业经历中，曾经有一次下班后情绪失控，我感到职场很压抑，还有永远执行不完的指令任务，自己就像工厂流水线作业中一个微小的零件。搭着地铁回家的路上，越想越生气，越想越委屈，泪水控制不住地流满了脸，我尴尬不已，总觉得大家在看我。我在出站后找到一位同学电话倾诉，她听完我的倾诉，给了我一个远程隔空的拥抱，给了我很多同理和理解，然后给了我很多鼓励，甚至也讲了一些有趣的笑话，让我在走进家门前，脸上重新扬起笑脸。

有一个朋友说，自己每天回家停好车后，都要用几分钟在车里给自己按下"暂停键"。他想象家庭成员正在家里做些什么。他希望在走进家门的时候，能够营造更快乐的氛围和情绪。他对自己说："家庭是我生活中最令人愉快、最怡人、最重要的一部分，我要走进自己的家门，感受并表达我对他们的爱。"于是，当他走进家门时，他不会挑错，不会吹毛求疵，也不会独自躲起来或者只想满足自己的需求，他会大喊一声："我回来了！大宝贝和小宝贝们，快来亲吻和拥抱我！"然后，他会亲吻妻子，和孩子们在地上打滚，然后帮忙一起做家务或倾听家人的谈话。他克服了自己的疲劳感和工作中的挫败感，在进家之前，通过进心流模式让自己回归正念，既不活在过去，也不畏惧将来，他成为家庭积极氛围中有意识的、积极的创造性力量。

美国前第一夫人芭芭拉·布什曾向韦尔斯利女子学院的毕业生对家庭做过完美的解释："你们将成为医生、律师或商业精英，然而，与你们所肩负的责任同样重要的是，你们首先应学会做人，人与人之间的关系——与配偶、子女和朋友之间的关系是你们要进行的最为重要的投资。因为，在走到生命的尽头时，你们不会后悔没能再多通过一次考试，不会后悔没能再多打赢一场官司，不会后悔没能再多签一份合同。你们会后悔没有把时间用来同丈夫、子女、朋友以及父母一起度过……美好的社会仰赖的不是白宫，而是你们的家庭。"

人们如果只在事业和个人成就的其他方面不懈努力，却忽略了家庭，就像一辆车安装的不是圆形车轮，而是畸形有棱角的轮子，就算能开也无法到达幸福的彼岸而终将搁浅在半路。

爱默森说："一个美丽的灵魂永远住在美丽的世界里。"当心美时，生命中一切都美；当心静时，与自然的连接变得如此深刻，在寂静中特别能发掘灵性的隐藏深度。

我在很多年前曾经有过一段时间轻度抑郁，当时我的心理咨询师告诉我一个非常好的方法，就是抱树法——到森林公园或山上找一棵看起来最粗最老的大树，然后去环抱它，深深呼吸感受它的能量和生命力，告诉它你的烦恼和心愿，然后感受自己脚下伸出很长的根与它连接，感受自己身体里的负面能量通过它回归大地母亲宽厚的包容中，然后深深吸气，感受掌心和双臂正被大树充满张力的蕴含天地灵性的能量包围，进入身体，滋养和疗愈着你。这个过程常常会带来莫名感动，就像做了一次身心大换血一样重新获得力量和平静。我试过很多次都有过极好的体验。

现代家庭之所以矛盾很多，一大原因是我们一起感受生活的美好的机会大大减少了，当生活因为诸多压力和渴望而不断加速时，我们的家庭列车也很可能会失控而滑出轨道。每个人的内心都存在一个拉锯战——习惯向外探求，比如功名利禄和更大的房子、更豪华的车子，我们会执着于物质世界而与灵性本源失去联系；当我们把越来越多的生命力投注在外在世界的假象时，我们会越来越虚弱。我也见过很多比我富裕很多的朋友，她们似乎也有着无穷尽的烦恼，这也是我这几年一直修习心理学的原因。当我们去探究，我们会感知到心流和禅修的魅力，进入直觉去感知灵性和内心的静谧与广博。心灵的内在丰盛我们都具备，我们只是站在发现之旅的起点，需要不断探索。

心流可以用"关注当下，留意现在"来体现。工作需要定神的时候，我们在自己办公位上就能完成正念。放松自己的意识脑，把注意力重新拉回身体，引导身体去留意当前身体状态的小细节，随着呼吸，从每一处毛孔进入身体，感受到当下的奇妙。世界似乎也慢下来了，你可以特别去注意一下自己正坐在椅子的身体感受，双肩的感觉、双腿和双脚的感觉，留意是否紧绷的脸颊和嘴唇，感到腹部积压的负面能量……我们通过这样的心流状态开始和自我世界建立联系，并催生直觉的发生。

每一个家庭都有自己的家庭文化、家庭道场和能量空间。我们如何能更好地帮助自己获得幸福感知呢？其实人很多感官的强大功能都在日常忙碌中被忽视了，一起被忽视的还有梦境、音乐和舞蹈等艺术类创作带来的耳目一新的感受。人的视觉、听觉、嗅觉、触觉、味觉、律动、人际等不同的资源可以带来的神奇功效。这里推荐大家一个工具——身心资源表：

身心资源表

□我的视觉资源（例如，喜欢的景点、看了会安心的摆件、拼贴照片、木雕）
□我的嗅觉资源（例如，花香精油、乳液、后院的花草、香气四溢的菜肴）
□我的听觉资源（例如，喜欢的歌曲、演奏的乐器、户外的虫鸣鸟叫）
□我的味觉资源（例如，喜欢的茶包、新鲜的果汁、一颗清新的糖果）

续表

□我的触觉资源（例如，宠物的柔顺毛皮、抱枕、动物玩偶、压力球、石头）
□我的律动资源（例如，走路、跑步、瑜伽、太极、打沙包）
□我的人际资源（例如，重要他人的拥抱、线上聊天的朋友、可以一起笑的朋友）

　　我和我很多亲友都因为学习并实践了这个工具而获得益处，我迅速从居家摆设、办公区美化、服饰鞋包等方面全方位去重新提升情绪感受，开始如同生活的艺术家，感受到每天醒来可以生活在美中，像一个情绪的魔法师，用很低的成本和很容易实现的路径来滋养自己的心情，带给家人稳定和积极的情绪体验。心理学家胡嘉琪教授的《从听故事开始疗愈》中提到的，每个家庭都渴望富足，其实富足不一定都是向外求得金钱，我们首先应当能做到的是从内心富足带出真正的财富与力量。

　　关于职业梦想和个人终身使命，很多人都并不清晰，有点脚踩西瓜皮——滑到哪里算哪里。我曾经也如此，为了生存而工作，我不知道自己最应该做什么工作，大部分都是工作来找了我，并录用了我，而我因为不敢没有收入，做着自己不热爱的工作，这是不是很多人的现状呢？当我下定决心，清晰自己的目标是成为万千家庭的幸福导师，帮助更多人感知和获得幸福后，我清晰地明确了自己的职业方向，并开始朝着目标不断攀登，没有惴惴不安和摇摆不定。我们将为自己能清晰事业方向感到高兴，路虽远而行必达。莉亚·古兹曼在《修复情绪的100个创作练习》中有一个练习叫作"豁然开朗"，也非常有提振能量的作用，特别适用于在控制型家庭中长大不敢明确地提出自己需要和主张，容易压抑真实意愿，不断遵从有权威的亲友长辈、领导的建议而逐渐失去自我的人。这个练习可以找回自身能量，回归真实的心。

　　一个人如果能更好地帮助他人，会让自己感受到自我超越和使命感。当我们找到使命和价值感，其实又会反过来促进一个人更好地成长、更确切地持续努力和精进自己，感知到自身的独特、价值、逐梦的力量、对爱和幸福的渴望、对他人无条件和无差别的爱、有崇拜钦佩的榜样并努力借鉴。生命状态被激发，会迸发神奇的力量。我是在 26 岁那年突然意识到自己不想做一个"地球蝗虫"。忙着挣钱过更舒服的日子，然后死去，这样的人生是不是跟蝗虫很像呢？然而理想是丰满的，现实是骨感的，我用了 10 多年才勉强摆脱了生存挑战，可以在城市里拥有一个家庭，稳定地生活，具备了更多的帮助他人的条件和意愿。我想这样的志向是我们都可以树立并从中获益的，这个获益不是物质，而是内心的满足、价值感的体验，还有对自身成就的喜悦和欣慰。我们都可以通过运用心流技巧提升个人和家庭的效能，在纷杂的情绪挑战中随时连接内在，回到当下的平静，用智慧获得解决问题的方法和力量。

　　生活也许充满曲折，也许煎熬着我们的心灵，但只需要重塑心灵，再次点起火焰，相信只要有火的地方就有光，只要有光的地方便有希望、欢乐和赞叹！若一个人发心要为更多家庭和个人的幸福而努力付出，那么所做的一切都会朝这个方向去做。幸福就已经不再是自己独享的，不再是只和小家挂钩了，就开始要把更多人的幸福都放在心里。每天的努力，是为更多人的幸福而努力。

　　稻盛和夫先生认为使命感是人生幸福和价值的源泉。由他成功经营的日本京瓷、KDDI 等世界知名的企业已经证明了他的经营理念和非凡才能。他非常清楚自己作为人来到这个世界、这个社会的使命，并且全力以赴，追求完美的生命价值从而获得美满的幸福和归宿。

人生幸不幸福或许从是否明白自己的使命开始，每个人出生起具有了生物学意义上的生命和人的称谓，而来到这个世界上干什么就有了哲学意味了，也就是每个人的使命。有的人很早就明白自己的人生价值，而更多的人要经历磨炼后才能得到"顿悟"。稻盛和夫先生曾说"人生中的困难和挫折，或许正是我最大的幸运"。这正是我们常说的化危机为转机，因为领悟到的使命感会产生非凡的力量，以追求完美的心态全力以赴，脚踏实地地工作，获得自身的乐趣并带领他人获得幸福，进而为社会创造价值！

央视从 2015 年的五一劳动节开始推出的系列节目《大国工匠》，讲述了不同岗位劳动者用自己的灵巧双手匠心筑梦的故事。他们文化不同，年龄有别，但都拥有一个共同的闪光点——热爱本职、敬业奉献。这些劳动者技艺精湛，有人能在牛皮纸一样薄的钢板上焊接而不出现一丝漏点，有人能把密封精度控制在头发丝的五十分之一，还有人检测手感堪比 X 光般精准，令人叹服。他们之所以能够匠心筑梦，凭的是传承和钻研，靠的是专注与磨砺。只有那些精益求精，不断超越过去和超越自己的人，才可能成就一番事业。真的热爱，并不会觉得苦和累。

那些经过努力却无法获得成功的人也是有规律可循的。一个人无法在工作上取得大成就，往往不是因为能力不够，而是因为不愿意积极主动和精益求精。如果认为工作给自己带来的只有辛苦、烦闷，遇到问题就停滞不前或者想跳槽，这样的人会轻视自己的工作。工作总是痛苦多于快乐，长久下来，个人的才能会逐渐耗尽，加上没有与时俱进，最终被搁浅或淘汰。高尔基说："工作是一种乐趣时，生活就是一种享受！"

第三章

追寻心流，不负热爱

一、外界允许我的活法

　　活出人生的洒脱、快乐、自在是我们都渴望的，而想要和得到中间有一个看不见的鸿沟——做到。我们活得怎么样，外界影响因素固然很多，但的确也需要一个人自己内心的定位、空间和定力。当我们听到身边亲友同事抱怨"活着真没意思""太难了，我不想活了"，这些很可能不是简单的说说而已，只是他们情绪的冰山一角。下方是知名心理治疗师和家庭治疗师——维吉尼亚·萨提亚提出的"冰山理论"。冰山实际上是一个隐喻，它指一个人的"自我"就像一座冰山一样，我们能看到的只是表面很少的一部分——行为，而更大一部分的内在世界却藏在更深层次，不为人所见，恰如冰山。冰山理论包括行为、应对方式、感受、观点、期待、渴望、自我七个层次。

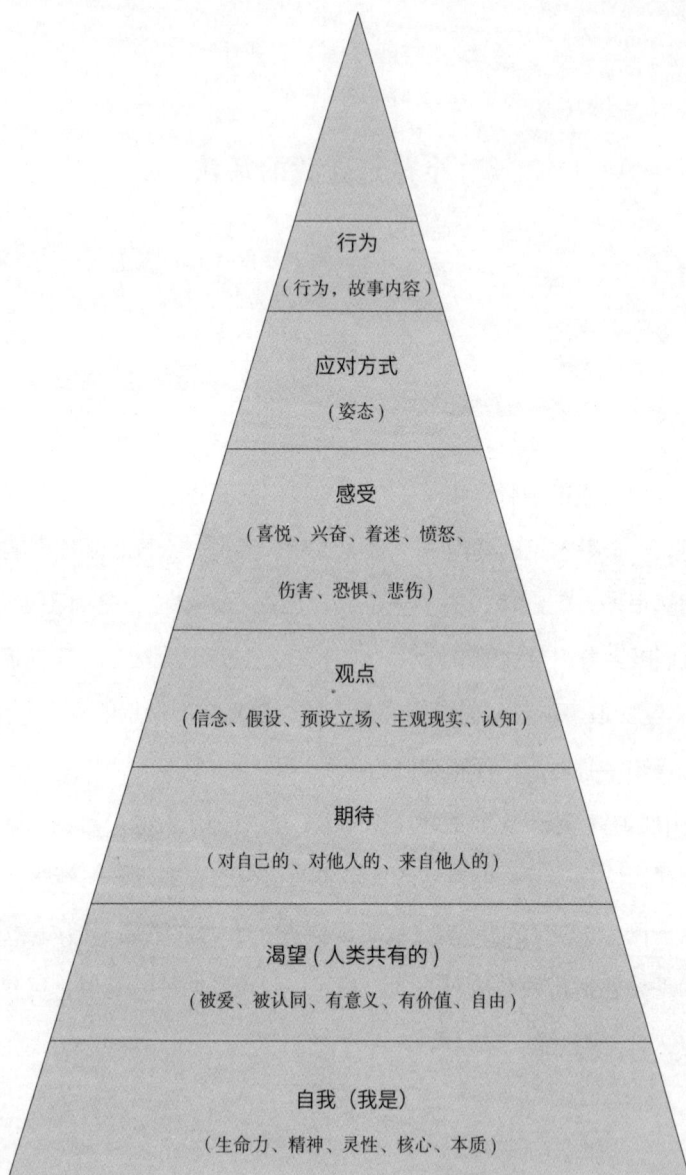

行为
（行为，故事内容）

应对方式
（姿态）

感受
（喜悦、兴奋、着迷、愤怒、
伤害、恐惧、悲伤）

观点
（信念、假设、预设立场、主观现实、认知）

期待
（对自己的、对他人的、来自他人的）

渴望（人类共有的）
（被爱、被认同、有意义、有价值、自由）

自我（我是）
（生命力、精神、灵性、核心、本质）

很多初中和高中阶段的学生容易出现心理问题，包括焦虑、厌学、极端反叛、忧郁甚至抑郁。孩子的内心感受到无力、无助、无望，可是很多家庭对待这些情绪表象会觉得不能认同和无法接纳。负面情绪如果长期积压在孩子心里得不到疏解，就会像是一个满满的巨大的垃圾桶，随时有爆掉的危险。情绪本就是一种能量，不论是孩子还是成人，当负面情绪和压力长期在身体里超出了正常的承受力时，人体会自动地寻找能量的出口，这时一些意想不到的极端行为就会变成行动。

我在讲授情绪压力管理的课程时，现场提问大家关于家庭的压力源问题，很多学员都认为这是常见的压力源，并坦白自己深受其害，虽然已经意识到问题，却很难避免地继续用类似的方式对待自己的孩子。有的家长得意地分享自己定的 88 条家规，说孩子每天会对照家规自己认错和接受惩罚，觉得这样管孩子轻松很多。美国心理学家戴安娜·鲍姆林德按照家长对孩子的情感连接和控制程度，把家庭教养方式分作了四类：

第一种：忽视型父母

第二种：溺爱型父母

第三种：专制型父母

第四种：权威型父母（成就型）

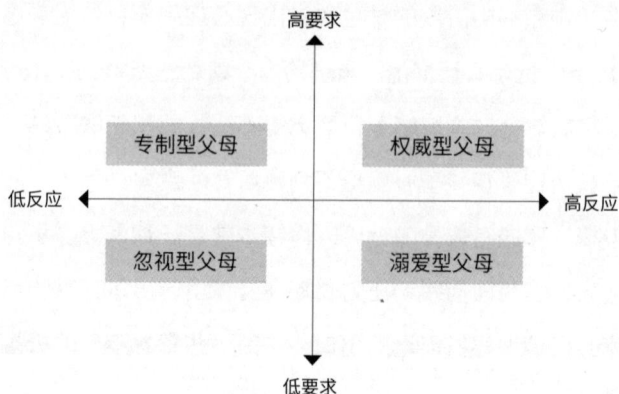

这里重点说一下专制型父母，以下是常见的一些特征，大家可以对比看看自己原生家庭和现在自己对待孩子的方式：

1. 要求孩子听话、乖巧、不打折扣地照做。

2. 不让孩子参与决定，不能接受和允许孩子质疑父母的决定。

3. 让孩子从众，不要显得很特殊。

4. 不鼓励孩子独立，不信任孩子可以独立。

5. 经常以"爱"的名义决定孩子生活、学习、交友等方方面面。

6. 在孩子没有要求帮助的时候，自主地"帮助"孩子，甚至代替孩子完成。

7. 经常用"不听我的就会……"等带有威胁恐吓的言辞来管教。

8. 要求大人说话的时候，小孩别插嘴。

9. 操纵和利用亲子关系，如没有达成则撤回父母的关爱。

10. 家规严苛，经常通过惩罚和胁迫进行纪律处分。

11. 使用触及人格的负面批评语，例如"让我失望至极""令我羞耻""早知当初就不生"等。

12. 对孩子做出的所有选择进行批评，极少表扬和认可。

13. 家长爱面子，有不切实际的高标准和高期望。

14. 不断增加很多死板的家庭规则，每天都如同判官。

15. 不尊重孩子的隐私。

16. 对孩子缺乏同理心，拒绝从孩子的角度看事情。

17. 总是告诉孩子某人做得更好，进行对比性贬损。

18. 相信父母永远是对的。

之所以特别想讲一讲专制型父母，也是因为我小时候就在这样的严苛的家教中长大，以上18条我对照了下，至少有16条符合，也许正在看书的读者中有18条都符合的，在这里很想遥控彼此来一个抱抱。

父母专制型的控制也分为两种类型：行为控制和心理控制。

行为控制（Behavioral control）是指监督和管理儿童的行为。这些父母在管教孩子时，会监控他们的行踪，监督他们的社交生活和喜好，对于和谁交往、购买什么、学习什么，甚至吃穿用都有非常细致的管控。行为控制在监控、教导和规范适当的行为上对于儿童的健康发展有一定的正面作用。尤其幼儿阶段，家长的引导和监管都是必不可少的。然而，当父母过度控制孩子行为的每一个细节时，孩子未来也将变得和控制欲强的父母一样会去控制比他们更弱小的人，同时一旦父母不再有控制能力，孩子的行为容易有极强的反叛和反弹力。

心理控制（Psychological control）是指父母侵入了儿童的情绪和心理发展。父母不会对孩子的情感和心理需求做出反应，他们限制、扼杀和操纵孩子的心理体验。他们也扼杀了孩子体验情绪的能力，当孩子的内心的情绪枯萎成为一片荒漠之后，这样的孩子失去了独立表达情绪的能力。最常见的莫过于专制型父母通过表现出失望、不赞成和羞辱，让孩子感到无比内疚。比如孩子表达对学习的厌恶和失去信心，家长会进行否定、挖苦、嘲讽、打压或者逼迫。有的父母还会通过撤回自己的关爱等方式来控制孩子的心理，或者通过表达养育孩子的艰难等道德绑架来操纵孩子的感受、观念或想法。有一些单亲家庭的家长会希望孩子在情感上长久依赖父母，并且纠缠不清。等子女进入婚恋期，进行各种反对和逼迫，甚至不惜性命威胁或恐吓断绝关系等。

真的是越对孩子进行全方位管控、监控、操控、防范，对孩子就越好吗？

专制型父母通常在情感上是封闭的、自私的和对抗的。一个在父母"高压"之下成长起来的孩子，对自身容错度、对他人容错度也会很低，有些会发展为强迫型人格障碍（OCPD），他们对完美、控制和有序的执着十分惊人，甚至达到偏执的地步。有些人的生活准则也非常僵化和缺乏弹性，以至于他们很难从另一个角度看问题。

其实给孩子一定的自主权不代表从此失控，控制型父母允许孩子适度犯错和试错，希望孩子能不断学习、成长和自我成就，孩子也将在远离父母的情况下发展出独立的身份认同，当孩子进入青春期，更能为成年期的身心、思维、行动力的独立做好充分准备。

美国精神科医师丹尼尔·席格提出，一个人面对外界的压力和烦恼诱因时，身心可承受的范围称之为"身心容纳之窗"。一个人身心处在容纳窗之内且"适度激发状态"，尚可稳定与理性地面对困境，解决问题。当外界压力持续增加，就可能进入"过高激发状态"，亦即能量过强，行为呈现焦躁、易怒、失眠、冲动等现象。身心能量过度激发后人就像汽油被火点燃的瞬间，出现暴怒、躁动、攻击、吼叫等现象。比如孩子长期处于身心容纳之窗的警戒线，再加上突发应激事件——失恋、考试失利、被父母训斥等，就很容易直接被压力逼出身心容纳之窗，因情绪失控状态下发生的冲动型自杀常见于青少年中。

另外对应的一种身心失衡的状态是身心"过低激发状态"，也就是身心能量非常低，出现对任何人和事都感觉没什么意思，没有特别能让自己开心或不开心的。人像是被冻结了一样，出现忧郁、恍神、疲惫、不想说话、无力改变、不想争取、凡事失去动力的现象，很多人逐渐会形成轻度抑郁症，而如果一直没有得到重视和医治，有一部分人会走向严重抑郁症，有动机和有准备的自杀多数是这种情况。

我在做一对一咨询时，遇到一位40多岁的来访者，他最近2年发现对工作、生活甚至娱乐越来越无味，大有种活着真没劲的感觉。我开始通过询问了解他的压力源，先后了解了他的现有家庭、原生家庭、现有工作、巅峰期工作、人生高光时刻、朋友交往和健康等多方面状况，他在一轮倾诉中自己发现了造成这一切的压力源。因为太久不认可自己的情绪、不认同自己的消极反应，也对各种压力源采取默默承受和放弃抗衡的方式，最终导致自己长期失眠、郁闷、愤怒却不表达的人生"拧巴"状态，这一状态已经开始显露癔症现象，担心自己祸患重疾。经过疏导和积极想象，逐步唤醒了他曾经的快乐和自豪，发现了化解问题的关键，找回了解决问题的动力。

让自己避免容纳之窗的"脱窗"状态

1. 观察与接纳自己的状态——允许一切的发生、允许自己的活法

观察到自己因为外界的影响和压力源带来的焦虑、紧张与不安，去倾听自己内心的自责或批判、否定的声音，接纳自己这些情绪反应都是常见的，试着去理解它和接纳它。

2. 从纷乱迷茫中梳理思绪——努力当下，找回对生活和工作的控制感

我们很多时候不是自己完全失控，而是陷入迷乱、低落的情绪中，所有能量用在烦恼、抱怨、哭诉、愤恨、忧郁中，忘了自己本可以披荆斩棘。在充满未知的大环境中，找到可以控制的事物，例如：整理房间、做一顿饭、联系一个可以倾诉的朋友、看一部剧等，也可以梳理一下近期最难的三件事，自己尝试做做问题分析，看看做哪些事比较有利，可以化解困难。阴雨的日子并不会永远，只需要尽量做好能做的，等候雨过天晴的到来。

3.DBT 辩证行为治疗技巧——回到"身心容纳之窗"内

辩证行为疗法（DBT）是由美国华盛顿大学的心理学家马莎·莱恩汉（Marsha Linehan）教授在 20 世纪 70 年代提出的心理治疗方式。它由传统的认知行为疗法发展而来，并结合了东方禅学

的辩证思想，强调在"改变"和"接受"之间寻找平衡，帮助人们回到正念，提升痛苦耐受度，掌握情绪调节和人际效能的智慧。DBT 辩证行为治疗有三个技巧：

数息观息法：找个安静舒服的位置坐下，让双脚、双手都有安稳的位置可以摆放，开始呼吸练习，吸气 4 秒，吐气 8 秒，在内心默数即可，反复练习 3-5 分钟，停下来观察自己的身心状态。此练习可持续 5-10 分钟，也可以找一些冥想类轻音乐伴随练习。

正念练习：史蒂夫·乔布斯曾对正念有过自己的解读，他认为正念是 200 平方米的房间里仅有的几本书和一盏灯；是马路边认真扫地的清洁工；是专心致志地写工作报告；是小朋友正在认真地跟他的玩偶对话；是看电影时，全神贯注地进入故事情节；是公园里正在无声无息地生长着的花草树木。的确，每一个当下，都是练习正念的最佳时机。有了觉知和正念，会发现工作、生活乃至生命，原来可以如此简单美好。正念的练习方法是找到自己喜欢看的、听的、闻的、吃的、摸的物品，一次只选一个感官做练习，例如：找一首动听的纯音乐，闭上眼睛聆听，或者找一种自己喜欢吃的食物仔细品尝。在练习过程中尽可能专注，中途若浮现其他念头想法，就观察但不挽留，让这个想法出现又离开，然后再把注意力拉回正在做的事上，练习结束后，感受一下身心状态，也可与其他人分享。

催眠疗法：催眠疗法是一种特殊的意识状态，包括注意力的集中与外围意识的减弱，与认知、自我意识、积极情感、记忆和注意力增强等相关变化相关，是一种能动的无意识心理治疗方法。

世上没有两片一模一样的叶子，每一个人也都各有不同，因成长背景、学习经历、创伤事件、压力承受力等均有所差异。通过

DBT 辩证行为治疗调节身心，扩展"身心容纳之窗"，我们会更具包容性，愿意对身旁亲友、邻里同事们更多地接纳、包容和允许。而当烦恼和压力再次来到时，也不会一味逃避或无所适从，而是用接纳的态度和迎难而上的勇气，外界怎么看待自己没有这么重要，接受自己当下的状态，然后活出自己想要的样子。

生活总会有痛苦。但是在与痛苦情绪的抗争中，我们并不总是绝望和一筹莫展的。当我们开始致力于辩证行为治疗练习，将会努力让自己变得更加智慧，获得更好的生活品质，更平稳地驾驶我们的"汽车"，行驶在属于自己的人生之路上！以下是练习 DBT 辩证行为技巧的计划：

01 我的
身心容纳之窗计划

- - - - - - - - - - - - - - - - - - -   - - - - - - - - - - - - - - - - - - -

- - - - - - - - - - - - - - - - - - -   - - - - - - - - - - - - - - - - - - -

- - - - - - - - - - - - - - - - - - -   - - - - - - - - - - - - - - - - - - -

我的
正念练习计划 **02**

- - - - - - - - - - - - - - - - - - -

所有的发生都有其积极意义

美国社会心理学家费斯汀格有一个很出名的判断，被人们称为"费斯汀格法则"：生活中的 10％ 是由发生在我们身上的事情组成，而另外的 90％ 则是由我们对发生的事情如何反应所决定。也就是说通过我们的心态与行为，可以决定剩余的 90％ 事态的发展和可能性。

2022 年 10 月我家发生了火灾。大厅木沙发下一个多用插座突然意外自燃，造成四分之一面积的客厅在半小时内被烧得黑乎乎，浓烟飘出阳台引起远处门卫的注意，于是来不及报警就有两名门卫拿着两瓶灭火器来上门，等母亲带着孩子回来一开门就迅速灭了火。大厅木沙发有两个被烧成黑炭，顶上天花很多都掉落下来，顶灯被火势的热浪炸得粉碎，每个房间每一面白墙和房顶都被熏黑，每个柜子和每个抽屉里的衣服、物品也都如煤矿里挖出来一般完全无法用。遇到这样的事也许很多人会觉得真倒霉，可我们全家都觉得非常幸运，因为事发当时，我母亲和 3 岁的孩子正好不在家，如果他们在家，着火的时候吸入了烟雾，烟雾里面有很多的尼古丁、烟碱，还有一氧化碳等成分，火灾中人被浓烟熏死呛死的可能是烧死的可能的 4-5 倍，而浓烟致人死亡的主要原因是一氧化碳中毒。一氧化碳浓度 1.3％ 的空气中，人吸上两三口就会失去知觉，呼吸 1-3 分钟就会导致死亡，假如老人和孩子在家中，因为慌乱和不懂怎么灭火，母亲大概率会用盆子接水去灭火。如果用水去浇着火的电器，电器的内部电源线和电路板通过水导通，可能会造成电器短路，情况严重的可能导致电器出现爆炸。如果触电的水通过流动接触到人，人就有可能发生触电。想到这些让人不寒而栗，破财能消灾我们都心甘情愿，人没事才是最重要的。

我们这个小家庭第一次经历火灾，从得知到顺利度过，也见证了一家人默契合作的重要性：当晚因为房屋失火而被关电关水，现场一片狼藉，我的丈夫迅速镇定分析现在该怎么做，一秒间就自动成为作战小组的军师，接下来就是一家人的通力合作，我们仅用 3

小时就完成了老人孩子当晚的食住安顿，然后报警，翻出需要用的物资，决定接下来怎么装修和居住，次日仅仅用了 6 小时找了附近 3 个小区的 5 套房子，立马签约租用其中一套，当晚着手搬家。接下来的一个月我丈夫着手开始装修，我母亲成了清洗整理的主力，我们年仅 3 岁多的孩子在这样的事件面前也表现出超乎年龄的懂事，帮忙做力所能及的家务。这一场突发的"战役"，反而增强了彼此依赖和协调性。每个人超常发挥各自所能，被肯定和被需要，又产生了自身价值感。

搬到新的房子以后，我所学的积极心理学和转念疗法全部派上用场，我每天积极规划设计，用最低的成本升级了住所的家具和装饰，重新布局后的新住所显得更时尚、温馨、整洁，而孩子因为这次搬家意外发现旁边一家比原来幼儿园大三倍，且学费还便宜一半的幼儿园，各方面都非常不错。我们在忙碌一天后的晚餐时，会一起感恩我们的幸运，祝福新的开始——大难不死，必有后福。同时因为发生了这起火灾，我们开始重视火灾防范，对于意外更加谨慎和仔细了。

经历这件事，让我无比感慨——意外不能被预知和被掌控，但我们是否能主宰我们的心和行动？是否能决定对待每件事的态度和行为？如果能，人生际遇就将由我们自己谱写，我们决定我们的活法。灾难属于负性事件，怎么思考、面对、行动却是我们能左右的，经历了这场火灾，反而让我们一家四口更有种患难与共、彼此珍惜的感动。

二、如何让身体快乐

有时候，人感到不快乐，不仅仅是情绪问题，还有来自身体的原因。常年患病和忍受不适的人的确会让自己很难快乐起来。身体希望被善待，希望能体会到一些美好，比如不熬夜、少吃对身体不好的夜宵和不过度饮酒，可是很多人对身体的需求和呼唤经常充耳不闻，除非身体拉响警报和进入不可逆转的重疾中。

熬夜几乎是当代人的家常便饭，很多职场精英、企业家都加班成习。我在刚开始创业的前3个月，也陷入加班熬夜的旋涡，我知道熬夜对身体非常不好，即使睡够8个小时，11点前睡和凌晨3点以后睡，身体的感受是完全不一样的。可是当工作来了又总是希望更快地做完。因为长时间缺觉，我能感受到缺觉和晚睡对情绪的影响很大，我的脾气比以往更暴躁，也会有无缘由的焦虑和低落。好在后期开始不断调整作息，重新回到正常状态。

长期睡眠障碍也会引发很多健康问题，可能伴有紧张不安、焦虑、情绪低落、脾气暴躁、注意力不集中、容易激动争吵，还可能产生严重的焦虑和抑郁现象，对自己失眠的症状过度地担心、焦虑不安也会加重抑郁症状和情感障碍，继而恶性循环带来更多的失眠。

如果已经出现忧郁、轻度抑郁问题，要让自己变得快乐，并不是单靠积极心理暗示就可以，还需要集合饮食、运动、生活方式，甚至是药物等多种管道共同促成转变，增加大脑中的多巴胺——号称"快乐的欲望分子"，是帮助大脑分泌多种令人感到舒适、幸福美好的神经信使，负责大脑的情欲，能让大脑产生愉悦感，传递开心、兴奋的情绪。多巴胺对人类生理健康具有重要的意义。帕金森病就是由于人体多巴胺含量降低导致的一种疾病，适量补充多巴胺可以缓解病情。多巴胺还能够帮助人们提高记忆力及学习专注力。在进入中老年后适当补充多巴胺，能减缓大脑老化速度，有效改变老年人大脑的认知能力，对老年痴呆症有一定的预防作用。

如何可以增加脑内的多巴胺呢？

（一）透过饮食增加多巴胺

1. 摄取酪氨酸

多巴胺是由一种称为酪氨酸的氨基酸在体内制成的，酪氨酸通过酶转化为体内多巴胺，没有足够的酪氨酸，多巴胺水平就会受到影响。增加富含酪氨酸的食物的摄入，可以使大脑中的多巴胺水平正常化，像豆类（豆腐等）、鱼类、奶制品和禽畜肉都能增添酪氨酸。

2. 增加抗氧化物质

多巴胺很容易被氧化，而富含天然抗氧化剂的食物可以防止多巴胺受体受损，很多水果和蔬菜都富含抗氧化成分，包括富含 β 胡萝卜素和类胡萝卜素的绿黄蔬菜和水果、芦笋、绿花椰菜等；富含维生素 C 的柳橙、草莓、花椰菜、芽甘蓝等；还有富含维生素 E 的坚果、葵花籽、胡萝卜等。

3. 补充营养素与矿物质

人体依赖多种营养元素来产生多巴胺，这些营养元素包括维生素和矿物质，如果出现不足的状况，可能导致多巴胺水平异常。这些维生素和矿物质包括维生素 B3、维生素 B6、维生素 B9、铁、镁、维生素 D3。叶酸对于神经管的形成有很重要的作用，也是能够帮助人体抗抑郁的物质，是让色氨酸转化为血清素的必要元素。若长期缺乏叶酸，会导致精神疾病，包括忧郁症及早发性失智等疾病上身。维生素 B12 是神经系统维持正常功能必要的营养。缺乏 B12 会造成严重的忧郁症状，减少脑部认知功能，容易出现疲倦、躁郁、精神病症状。维生素 D 调节脑内的肾上腺素、甲肾上腺素和多巴胺的产生，以及避免血清素和多巴胺的耗竭。维生素 D 和癌症、心脏病、糖尿病、忧郁症、免疫疾病息息相关。曾有数据发现，高达 98％的人血液中维生素 D 浓度不足，尤其以 19-44 岁年龄层浓度最低。缺乏时容易造成情绪低落、忧郁，这也是为什么冬天阴雨绵绵，较少晒到太阳是容易出现忧郁情绪的原因之一。建议大家可以多晒太阳和补充维生素 D，让身体恢复快乐、健康！

4. 限制饱和脂肪酸摄取，吃优质油脂

有临床研究显示，高脂肪的饮食，特别是饱和脂肪，可能会破坏多巴胺，尤其是当饱和脂肪经常消耗并且数量较多时，情况更为明显。

Omega-3 脂肪酸

吃甜食可以解压，原因是能刺激脑部分泌血清素、多巴胺等神经传导物质，让大脑产生愉悦感。比起让血糖忽高忽低的甜食，其实吃优质的油脂 Omega-3，能够让愉悦感持续更久，而且对大脑智商更有保护效果。Omega-3 脂肪酸可以增加血清素的分泌量，堪称血管的"清道夫"，如果血液中的 Omega-3 低落，则个性就会容易冲动，对未来易抱持负面消极的想法。优质油脂可以强化脑细胞的工作效率，并提供给脑细胞足够的营养，让专注力、记忆力都提升，达到增进脑力的效果，补充脑力的 DHA、EPA 其实就是 Omega-3 脂肪酸的一种。Omega-3 是人体无法自行生产的必需脂肪酸，所以要从食物中摄取，最好的是鱼油，但如果吃素的话，也可以从亚麻籽油来摄取，或是多吃一些核桃、胡桃。一天坚果摄取量，大约是免洗汤匙的一匙分量，再加上亚麻籽油，就可以补充到充足的Omega-3。

（二）透过运动和大笑增加多巴胺

运动可以增加血液中的钙质，促进刺激大脑内多巴胺的分泌和吸收，运动也有利于保持体形，能让自身对拥有健康的形体感到愉悦。有研究显示，长达 30-60 分钟的散步、游泳可以加速多巴胺的分泌。此外，运动也会促进脑内啡的合成，开心大笑和拉伸运动都会产生脑内啡，脑内啡给身体带来的作用类似于提高分泌多巴胺。快乐的笑也能增强免疫系统，多和积极、快乐、风趣的朋友相处增加欢乐的时光，也可以多观看喜剧电影和加入喜剧俱乐部。

（三）透过生活习惯增加多巴胺

保证充足的睡眠，例如每晚至少要有 6-8 个小时的睡眠时间，因为人在睡眠状态时，大脑消耗多巴胺的量非常少，这样第二天身体才能有充足的多巴胺，如果睡眠不足也会导致多巴胺大量分泌，但这样反而会让你感觉又累又狂躁，就不会快乐与心情愉悦了。另外每个人都有一些自己的生活习惯，习惯一旦被打破也会有失落和不适感，这就可以解释，为何有喝酒、抽烟习惯的人一旦开始戒烟、戒酒，有时心情会莫名烦躁。

在生完宝宝的 3 个月内，我陷入一种莫名的低落情绪中。虽然因为研修心理学，我清楚产后抑郁症的形成和影响力，我会不断暗示和提醒自己保持快乐和正念。当时我有一个方法帮助我度过了这一非常阶段——每天都写情绪日记，且只写给自己看。我经常在日记中自问自答，类似：你怎么了？发生了什么？你怎么可以更开心？你想做什么？想买什么？想吃什么？想玩什么？然后就会有一个行动清单，里面有我想要的，然后去满足自己。我记得最后一次情绪莫名地低落和烦躁，我的心告诉我：一杯咖啡就好。因为我 20 岁开始，每天喝两杯咖啡，几乎跟吃饭睡觉一样养成习惯了，我的心告诉我，我想念咖啡。

（四）透过保持肠道健康增加多巴胺

肠道含有大量的神经细胞，可以产生多巴胺，而肠道和大脑透过神经系统紧密连接，甚至生活在肠道中的特定类型的细菌也可以影响神经系统，包括多巴胺。医学专家研究得出，长期便秘会导致人出现情绪上的烦躁和抑郁，因为便秘会使我们身体内累积的毒素无法及时排出体外，这些毒素会被肠道吸收再次进入血液循环，不但会对人体器官的正常细胞造成侵害，同时还会影响肠道内快乐因子"多巴胺"的合成，造成"大脑封闭"现象，也就会出现烦躁、抑郁的情绪了。另外长期排便不畅，反映在身体上最直观的表现就是会出现小腹坠胀、口臭口气、打嗝放屁，在生活中制造出很多"尴尬"，也会让青春期的少男少女们因为便秘引发面部出油而大量长痘、皮肤粗糙和毛孔粗大，影响外在美丽而感到自卑和烦恼。

治疗便秘的方法有很多，食疗主要包括多摄取新鲜的水果、蔬菜，在睡前两个小时左右可以吃一些苹果、梨或者香蕉这些富含水果纤维的食物，胃肠道夜间蠕动减慢，水果纤维不容易吸收反而促进胃肠道的蠕动、促进水分的分泌，有助于缓解便秘。如果没有糖尿病，空腹喝一些蜂蜜水，对胃肠道的蠕动也是有好处的。适量喝酸奶也可以调理胃肠道，调节肠道菌群失调，缓解便秘。但如果是顽固性便秘，单纯地靠喝酸奶可能起不到治疗的效果，还需要采取医学治疗手段。每日规律的有氧运动能促进胃肠道的运动，进行一些腹部的按摩也可以促进肠道的运动，很好地缓解便秘。

（五）透过健康食品或药物增加多巴胺

摄取维生素 B6 补品以及 L- 苯丙氨酸来促进大脑分泌多巴胺。苯乙胺是巧克力里可以找到的成分，这种物质也可以促进多巴胺分泌。至于患忧郁症的患者，医师也可以开抗忧郁药来缓解症状，让大脑恢复正常分泌多巴胺。

三、不刷手机的时候，头脑喜欢什么

很多人会有这样一个困惑：想读书，想学习，想把时间花在有价值的地方，但就是戒不掉手机，往往在闲暇时间一拿起手机就放不下。每天晚上睡前都感到懊悔，又因为不甘心睡觉而造成睡前拖延症，睡眠不足导致更加失去自律性。我们如果刻意去观察自己，记录自己一天的时间，会发现我们的时间和注意力，大部分都被手机掳去了。怎么破解呢？在此分享我的六个小技巧。

1. 了解上瘾现象，提高觉察并重建心锚

我在家办公时，母亲经常在客厅里看非常精彩的电影或时下热播的电视剧，每次激烈的打斗声都会吸引我，让我想放下工作去看电视。我能察觉到内心被吸引，但不会批判自己，而是像一个老朋友跟自己对话——还有工作待解决，解决完我再安心地看如何？

很多人有业余时间刷抖音的喜好，只需要上下滑动手指，就可以有自己感兴趣的、喜欢的内容源源不断地呈现在我们眼前，这种被动的信息投喂，完全满足了大脑的本能需求。这些事不用任何意

志力就能坚持，为何呢？因为简单。大脑不需要费力和思考，就能实现即时满足的快乐。相比痛苦、费力的学习和工作，人的本能脑更会选择刷手机，这并不是意志力和自控力问题，而是人容易在无意识中被本能脑牵引。然而本能脑并不代表我们自己，所以不要批判自己，更不要贬低自己，因为大多数人都如此，好在我们还有理智脑，我们可以尝试"用自己的大脑控制自己的大脑"。

心理学中的心锚理论非常有助于开启理智脑。最早接触这个理论还是在 2006 年，我所任职的一家台企公司邀请了一位心理学专家来授课，在课上带领我们体验了"积极想象法"认知治疗技术和心锚技术，我似乎进入了一个未知的空间，而我是这个空间的主宰者，我看到了自己的很多种活法，就像一株弱小的植物突然发现自己其实可能长成参天大树，这让我热泪盈眶又兴奋莫名。而心锚理论的体验更加神奇，就像是在一个人心里面，种下一颗种子，这颗种子是深层的信念和价值观，具备看不到的神奇魔力。专业术语中心锚是指：人之内心某一心情与行为、某一动作或表情之链接，而产生的条件反射。当条件与反射之间的链接模式衔接完好后，人的心锚就建立了；如果能够将这一衔接过程重复地使用多次，那么，心锚产生效果会更加明显。心锚有可能是他人种下的，有可能是自己种下的。学会建立心锚，不但能对他人的意识产生影响力，也能控制自己的行为。

建立心锚有两个核心点：1. 一个情绪最高点；2. 一个心锚点动作。

比如我喜欢在要进入工作或学习的专注圈里时，冲一杯手冲咖啡，四溢的香味就像告诉我：嗨！快来开启心流模式吧。前面说到的《身心资源表》中嗅觉和味觉资源都有咖啡，所以咖啡会让我心情大好，心神宁静，提高愉悦和有序指数。

我用这个方法也给我家 3 岁的儿子建立心锚，他从两岁半开始每天 1 小时网课学习，分别是思维、阅读和英语三门课，每一门课20 分钟。每次在他学习的时候我都会给他一碟坚果零食，然后他会很投入安心地学完所有课程，后来变成当他要进入学习时间就会自己去零食柜拿一碟坚果准备好，再后来当吃到一碟坚果他会主动问我："妈妈，我今天的学习好像还没有完成，我去里面房间一边吃一边做吧。"每次想到这个我都觉得心锚理论太神奇了。

2. 建立 To do 清单并执行

我在很多年前就有记录清单任务的习惯，最初用纸质笔记本，后来用手机备忘录，现在更喜欢用"日历清单"App，电脑端下载后就会在桌面壁纸出现这个清单，每天的内容都像是心情日记，又像是任务清单，可以复盘也可以规划未来。我喜欢每天开始一天的学习和工作前都写当日的清单日记，也有朋友或许喜欢在前一天睡前写。对我来说，我每天清晨醒来会有一个起床前的正念冥想，有时会闪过一些很有创意的念头或决定，我会到电脑前记录下来。

我们很多时候不是想刷手机或看抖音，而是不知道自己该干什么，或者知道但提不起动力去执行。当我们把自己现阶段非常难搞定的"硬骨头"任务做了拆分，细化到每天、每半天、每小时后，就会知道当天还有哪些必要项需要完成。当你做的有价值的事情越多，时间和注意力被用在有价值的地方也就越多，玩手机的时间自然也就被挤占了，同时因为完成的成果很多，会产生自我肯定的愉悦心情，又会带来更多正向行动力。

3. 为注意力营造单一、宁静、不受打扰的空间

我们手机里各种 App 的小红点都是被精心设计出来的，因为这样能引起我们的注意。所以不管微信还是其他社交软件，如果能把推送消息功能阶段性关闭，就会在注意力部分减少很多干扰。同时很多人还容易被各种突发商家电话、广告电话打扰，如果需要一个时段非常静心进入心流，也可尝试开启免打扰的专注模式。还有一个小秘诀就是，当你在办公或学习时，手机调成无声和免振动，并且手机正面向下放置，也能避免手机屏幕频繁亮起或振动，让自己情不自禁想看看是什么事。

4. 做点能激发自我价值和自豪感的事情

或许一开始刷视频、玩手机还会觉得挺开心，但很快你会发现越来越没意思。当大段时间都在玩手机后，望着手头一大堆搁浅的紧急事务，又会陷入自责、内疚、失落的状态，自己也恨自己怎么总是控制不了。试着找一些有价值的书籍、电影、视频来看，或者为家里人做一些力所能及的被需要的事，这些相对玩手机游戏和看各种短视频来说更有难度，但却能激发出自我价值和自我成就感来，慢慢地自己也会不喜欢漫无目的地刷手机了。

5. 多与积极、高效的人相处

多和一些比自己更有专注力和高效解决问题能力的人相处，也可以加入一些积极有能量的社群圈子，多关注一些行动达人的朋友圈，这样的正向影响，也会增加自己的动力和执行力。

6. 培养爱好，让生活充满乐趣

智能手机带来了铺天盖地的碎片化信息，每天无穷无尽各种耸人听闻的消息和事件会导致注意力大量分散，甚至引发恐慌和焦虑，而手机屏幕发出的蓝光也会扰乱我们的睡眠模式。

韦恩·戴尔有一句名言："做自己喜欢的事情，是拥有丰富人生的基石。"拥有兴趣爱好可以大大改善我们刷手机成瘾的习惯。科学证明，有爱好的人比没有爱好的人更快乐、更健康、压力更小，也因此会具有更强的免疫系统。

工作后，我培养了很多的爱好，包括弹钢琴、跑步、看书、听音乐、录歌、插花、看电影、喝咖啡、游泳、徒步、香道、旅游、舞蹈、书法、拍照、进修考证等等。在自己喜爱并擅长的爱好中沉浸，享受属于自己的美好时光，是可以让自己远离手机游戏、八卦消息、无聊视频的有利因素。运动类的爱好更可以释放内啡肽，促进良好情绪和缓解身心压力。创造性的爱好对于充实的生活非常重要，它们可以挖掘自己未开发的创造性的一面。满足社会需求爱好会让我们更愿意帮助他人和奉献社会，比如做义工、社工、志愿者等。学习类爱好可以扩大视野，提高学识和技能，让自己更具驾驭困难的能力，帮助我们过上更有趣的生活。

学习类的爱好包括：

·学习一门新的语言

·学习一项新的技能

·学习一种新的乐器

·学习历史、地理、天文、体育、时尚、烹饪、艺术等学科

·阅读各类名著

·学习身心灵修养方面的课程

·提升学历、考证和结识更多同行者

总之，有益身心的爱好能为生活增添更多的刺激和成就感，也能促进个人的成长。

四、提高工作中的"游戏体验"

工作是我们每天占据了最大比重和精力的事项，很多人工作其实每天不止 8 个小时。而工作最大的问题并不是难以胜任，而是很多人容易在工作中被情绪击倒。有些人把工作仅仅看成"饭碗"，用以解决温饱和维系家庭开支，所以每天都是为了保住"饭碗"而活，有很多的身不由己和谨小慎微。有些人把工作视为人生价值体现，寄予全部希望，不断期盼能升职加薪，为此终日劳作不休息，也无暇享受轻松的家庭时光。

这里要分享的一种思维是：工作是游戏的一种，是帮助我们完成平衡人生的其中一个通关游戏。

职场会运用到的数据、报表、薪水、待遇，级别、同事、老板等等都像是网游里的装备道具，各种人际关系和任务挑战都是帮助我们游戏通关的工具和程序。我们就会转换思维——这个游戏一定能过，所有工具资源是否是最佳运用？自己有没有在打怪兽升级？有挑战是应该痛苦逃避还是更应该思变、转换打法、各个击破？

比尔·盖茨也曾说过："成功的秘诀是把工作视为游戏，这似乎是所有成功者的工作态度。"把工作当游戏，自然而然就开始有了通关思维，放下很多负面抱怨、逃避、控诉和躺平。把工作当游戏，才会像打游戏机时一样专注，不断提升工作效率和成就。当我们在职场每个阶段都能把当下作为晋级通关阶段，就会发现遇到难关得刷刷装备、升升级，属性刷高了，就能去打大 boss，不是说打老板，而是打那个自己认为不可逾越的难关。实际上，工作的本质就是如此，就是各种资源的加成和各种维度的提升，去通过每一次试炼，最后达成目标，实现超越。

《庄子·达生》中有一句话叫"外重者，内拙"，意思是太过于关注目标之外的其他事物，必然导致思维迟钝。这个典故是说当一个博弈者用瓦盆做赌注的时候，他的技艺就可以发挥得淋漓尽致；而当他拿黄金做赌注的时候他则往往大失水准。

颜回有一次问孔子："划船的技术容易学会吗？"孔子回答："可以。擅长游泳的人很快就能学会划船，因为不会把水当一回事。会潜水的人还没见到船就会划船，因为他把水底深渊当成是山，把翻船当成是车子倒退，不畏惧所以更能轻松划船。放轻松才能专心致志，而有所顾忌，就会分心注意其他的事。凡是分心他顾的人思维必然迟钝。"

一旦我们能把工作当成游戏，遇到领导交派的看似不可能完成的任务时，首先不会觉得领导在恶意刁难，然后也不会畏首畏尾立即拒绝，就像打通关游戏，会愿意挑选最有难度的项目去做，因为既然要练，肯定要练最难的。不去关注项目最后成不成功，结果如何，只想如何可以通关，还有什么资源可以利用？还有什么方法未曾尝试？假如在职场毫无困难，只有一眼望到退休的安逸和一成不变的工作，我想也会有很多人觉得索然无味。因为玩过一千遍的初级游戏，我们断然是不愿意每次重复去玩的，所以以游戏的心态开展工作，需要在职场设置一个稍高于现在难度，但是又不至于压垮自己的关卡。通过一些努力就能够着的关卡，这就是技术上把工作当游戏。这种有挑战有成就感的事，会让人上瘾，爱上工作。

把工作当成技艺提升的训练，也更容易进入心流。世界上的任何事情，只要能够建立正向反馈，就非常容易成瘾。我们之所以无法爱上工作，并不是因为工作枯燥无聊，而是多数时候工作缺乏正向反馈。如果遇到不擅长激励和给予正向反馈的上司、同事，我们要如何获得正向反馈呢？这里也需要我们转变固化思维，有一些较难的任务或项目完成后，可以自己给自己一个奖励，包括精神层面的自我认可和物质上的自我嘉奖。比如看一场电影、买一件一直很想买的东西、去一个很期盼的地方旅游等等。在每次开展关键任务和穿越难关时为自己预设目标和更大的奖励办法，越大的奖励，就需要工作量越大，中间也需要设一些阶段性的小奖励，有意识地把游戏的因素引入到工作当中。

当我们能把工作心态转变为游戏心态，工作就会和游戏本质一样也开始充满快乐。当工作了多年发现自己在舒适圈中太久而凡事提不起劲，也可以跟自己比赛或者跟他人比赛。特别是销售类工作，更可以寻找对标的竞赛对象或者与自己的过往业绩做对比。

把工作当成游戏的积极心态也适用于创业征途中，创业的人往往苦乐兼半，在最初的三年更可谓"九死一生"，如果我们当成游戏的高端玩家，就不会恐慌、后悔、怨声载道，因为即使这次创业失败也可重新开疆辟土，直到挑战成功。

面对繁重的家务和层出不穷的生活难题也可以运用游戏的心

态，我们常听到"人生如戏，戏如人生"。战国时期庄周写的《庄子》中也有一句话："人生如雾亦如梦，缘生缘灭还自在。"当我们明白人生就是来体验和穿越艰难的，对劳累繁重的家务和让我们费心费神的亲人，也会多一些体谅、耐心和包容。放下所有的愤愤不平和失望不满，我们在生活中自会感悟到真、善、美，体味来自亲人的最平凡最伟大的爱，来自朋友的友谊，那些令我们惊喜、感动和深感幸福的瞬间。

五、在人际关系中开发自己的无限潜能

1938 年，哈佛大学开展了史上对成人发展最长的一次研究项目。这个名叫 The Grant & Glueck Study 的研究持续了 76 年，跟踪记录了 724 位男性，从少年到老年，年复一年地询问和记载他们的工作、生活和健康状况等。研究人员发现，社会联结不仅预测了一个人整体的快乐程度，而且预测了一个人最终的事业成就、职业成功和收入水平。

在《从优秀到卓越》一书中，吉姆·柯林斯阐述了一个事实："人们爱他们所从事的工作，很大程度上是因为他们热爱跟他们在一起做事的人。"当 1000 多位非常成功的专业人士快退休时，研究者对他们进行了采访，询问在整个职业生涯中什么最能激励他们，大部分人都把工作中结下的友谊放在了收入和个人地位之上。

有的人会认为在职场唯有靠自己才是最稳当的，也更能掌控风险，于是非常不屑经营职场人际关系，经常发生职场纷争，与领导的关系也非常紧张。

融洽的职场人际关系

　　职场人际关系良好是职场成功的必备条件之一，至少能带来三重好处：

1. 好的人际关系有助于资源整合和信息获取

　　掌握的信息越及时、越有价值，就越有可能掌握主动权。特别是业务类部门，能够领先一步抓住机会的人，通常因为他比周围的人更早地得到了有价值的信息。良好的人际关系可以让我们跟更多的同事、客户取得有利信息，包括无法公开的信息。

2. 好的人际关系能够加快成功步伐

　　仅凭单枪匹马就在职场扶摇直上的时代早已过去，职场每个人的成功都离不开他人的帮助和支持。因为权力、通道、知识、技术、资源都掌握在企业少数人手里，良好的人际关系可以帮助我们更好地获得稀缺资源，增加成功概率。

3. 好的人际关系能够拓展事业的广度

　　每个人的经验、见识和解决问题的思路总是有限的，只有与别人多进行沟通、交流、取经和资源互换，才能更大程度地增加自己的资源，拓展事业的广度。

　　除了职场人际关系，家庭和社交中各种人际关系也可以变做我们的有利资源。美国作家马克·吐温说："时光荏苒，生命短暂，别将时间浪费在争吵、道歉、伤心和责备上，用时间去爱吧，哪怕只有一瞬间也不要辜负。"

　　我听到过很多来访者对家庭中某一位成员的深深不满，斥责和控诉的话一个小时也讲不完。仔细想想，人际关系的经营都是双向的，就跟照镜子一样。当我们整日对着镜子愁眉苦脸或怒目相对，镜子里的人也会这么对着我们。夫妻关系问题是当下很多家庭幸福最常见的"影子杀手"，多数时候我们都会忘了求同存异和专注解决问题，而是不断发泄情绪和激化矛盾。

周国平说："家是一只小小的船，要载我们穿过那么长的岁月。"家庭和谐幸福不但利于彼此健康，利于事业发展，更利于孩子的成长和老人的安心。

《高效人生的 12 个关键点》的作者博恩·崔西以超过 25 年的个人职场经历为基础，总结出了一套实现高效人生的简单易行的计划。其中特别强调了家庭方面人际关系的经营和个人战略计划的制订，包括了以下六点：

（1）确定家庭价值观、愿景和目标。

（2）提高家庭关系经营技能。

（3）培养优秀的家庭关系习惯。

（4）制订家庭活动日程表。

（5）建立并保持家庭关系中良好的人际关系。

（6）实现对家庭生活的承诺。

建立和谐家庭关系

和谐家庭关系着我们人生的幸福指数。然而懂得并不代表就能做到，这里有三点我认为是很容易开展并做到的，包括：

1. 平衡工作与家庭时间精力投入，把家人放在更重要的位置

比如一位母亲婚后依然不顾孩子和丈夫，经常忙于工作和娱乐

交际，导致家里大量家务无人做，孩子学习无人管，丈夫和婆婆经常抱怨不满。或者一位父亲一心扑在事业或学术研究上，从来不陪伴孩子学习和玩耍，也不屑帮妻子做家务和分担烦恼，都会让家庭纷争经常蔓延。

2. 多与家人沟通交流和满足期待，而不是仅仅花了时间在一起

为了家庭聚餐而被动参加聚餐，为了家庭度假而勉强参与度假时的心不在焉、心神不宁，都是家庭陪伴中的自欺欺人。夜幕降临，一家人不是围坐着兴致勃勃讨论话题或诉说心情，而是父母各自低头玩手机，孩子在一边看电视，这样的家庭会缺少情感交流，并不能建立和谐的关系。每天或每周要找机会一起做一次用心的交流、谈论共同感兴趣的话题，或者一起玩游戏和看电影，都是增进家人感情的机会。

3. 高质量陪伴

曾经有一年我工作非常繁忙，我知道越幼小的孩子越需要全情陪伴，这时候高质量陪伴就显得尤为重要了。我会经常在出差的间歇时间跟孩子视频，为孩子录制几段语音；还曾试过每天坚持录一首宝宝喜欢听的歌曲送给他；虽然人不在家，网上购买的小礼物却经常给孩子带来安抚和小惊喜。一旦出差回来，我通常会用 2 天来完成全副身心的陪伴和满足孩子的情感需求。如今，很多家庭夫妻双方都有忙不完的工作，每天陪孩子共读、游戏、运动成了稀有的事，但就算这样，也好过心不在焉的假意陪伴。孩子说了一堆，盼着可以得到父母赞同或给出意见，结果父母从手机或电视里不耐烦地抬头问了一句："刚才说什么没听见。"孩子会立刻感到不被重视和缺乏关爱，次数多了就会关闭想要倾诉的念头。高质量的交流、

陪伴，哪怕是异地的一通电话，也能彼此温暖和激励，增进对家的幸福体验。人生中，所有的问题都是关系问题。建立良好的家庭人际关系，才能更好地提升人生幸福的指数。

盖洛普公司花了几十年时间研究世界顶级机构，它估计美国公司每年由于员工与上司之间糟糕的关系而造成的损失高达 3600 亿美元。尤其是"垂直的伙伴关系"对公司绩效影响更大。一份民意调查显示，90% 的人认为工作场所被上司粗鲁无礼地训斥和言语攻击是一个严重的问题。不幸的是，在今天快节奏的工作中，很少有领导者愿意投入大量时间去加强与下属的紧密联结。有一些领导认为一是没有足够的时间，二是害怕与员工走得太近而削弱了自身的权威，他们认为工作关系就是工作关系，不能变成友谊。然而他们越忽视社会资本的力量，就越削弱公司的绩效和自己的表现。

不与任何人发生关联是不可能的。人际关系无处不在，人际关系就是一切。《发现你的积极优势》一书中提到当我们遇到意想不到的挑战或威胁时，拯救自己的唯一办法就是紧紧抓住身边的人不要放手。一旦我们把人际关系视为激发创造力的机会，就会拥有良好的人际关系，我们的积极性也会变高。

印度灵性导师克里希那穆提曾说过："人际关系永无止境。人活着，就要与他人发生关联。"试想一下，如果有两个人卖给你一样的东西，同样的价格、同样的服务，同样的品质与品牌，那么你最后会买谁的呢？你肯定会说，当然是自己更信任的或者与自己关系好的人了，从这一点中我们可以看出，人际关系几乎占了成功要素的70% 以上。人际关系状况是制约企业管理效率的重要因素之一。

关系是取胜的关键。美国的罗纳德·里根最初是一名演员，后来毅然决定放弃大半辈子赖以为生的影视职业，坚决地开辟人生的新领域，成为政治家，于 1981 年至 1989 年担任美国第 40 任总统。在他的任期内，国内恢复了繁荣，他的目标是在国外实现"以实力求和平"。里根总统的成功与他的知识、能力、经历、胆识分不开，而其实背后最关键的还是他的人际关系，在他选举时也起到了非常重要的作用。

职场人际交往的九大黄金法则

（一）出色的倾听能力与倾听习惯

伏尔泰曾说："耳朵是通向心灵的路。"不会倾听的人，也得不到他人的尊重和认同。

好的倾听者善于观察探索，不仅能够将对方表达出来的语言按照事实、情绪、主观认知等几个层面分解，以此了解对方的需求，还能深层次探究对方心理和情绪上的潜在需求，从而寻找共鸣，给予对方理解和尊重。这对于人际关系的经营大有益处。

古希腊先哲苏格拉底曾说："上天赐人以两耳两目，但只有一口，欲使其多闻多见而少言。"寥寥数语，形象而深刻地说明了"听"的重要性。领导在布置下达任务或会议发言时，如果能主动暂停，询问其他人是否对自己讲述的内容有所疑惑，随时获得反馈，在别人提问的时候，耐心仔细地听清楚问题，不要武断地打断下属和同事，也是增进职场人际关系良好的习惯。

在培养倾听习惯中，我们需要刻意加强练习，不断提醒自己，反复验证自己对他人每一次沟通时有多少次武断和盲听，有多少次迫不及待想要打断别人，然后总结经验，在下一次人际沟通中提升和调整。

人际交往中最忌讳就是自己自顾自地侃侃而谈，其实能让他人谈论自己，可以给我们很好的良机去挖掘共同点，赢得好感，并增加达成合作的机会。在家庭生活中也如此，家庭中每一个人其实都渴望被关心、被承认、被肯定、被安抚或鼓励，善于倾听则能满足他们这一小小需求。懂得倾听比善于讲话更为重要。

（二）同理心

同理心主要体现在情绪自控、换位思考、表达尊重等方面，能够设身处地感知他人的情绪和情感，给予理解。通常来说缺乏同理心的人，更容易被心理问题困扰。能用同理心换位思考是一种宽广的思想，当朋友痛苦无助时，不是否定和嘲笑，或者表现出淡漠，学会用体谅的、理解的态度去对待他人和及时反馈。听到他人的倾诉不可敷衍了事，随意应对，要学会从内心和对方的情感引起共鸣，体会他人内心感受。这个过程是非常重要的。只有情感共鸣产生，才能够让对方认为你用心在听。

当职场遭遇暴力沟通时，很多人感到屈辱和愤怒不已，如果是遇到领导的发怒和责难，可以先静下心来从对方的角度思考：他为何发怒？出现这个情况他的出发点是什么？他的损失是什么？他的顾虑和担忧是什么？如果我是他，遇到这样的情况，我会怎么做？

一个人想要真正地了解别人，就一定要学会站在别人的角度来看问题，要学会设身处地，将心比心。只要我们坚持这么做，那么在人际交往中就可以解决许多问题。对别人越真诚，越善于倾听、体谅、尊重或宽容别人，别人也就会越真诚和信任。如此继续下去形成一个良性循环后，人与人的交往就非常顺利了。

（三）一对一私交机会

当我们只邀请一个人聚餐或来家里做客时，通常表明这个人对自己的重要性和人际意义。而如果出于省事或者省钱，原本需要一对一的宴请变成多人一起，很容易在饭局或酒局中只凸显某一两个人的贵宾角色，而忽略了其他几个人。人际关系的秘密武器就是建立"一对一"的关系，意味着你对某一个人100%的专注和重视，微妙的私交机会也容易敞开心扉和拉近距离，在人际交往中是一个攻无不克的制胜法宝。

（四）创建人脉并维护人际资料库

在重要的领导、同事、亲友的生日和特殊日子（结婚、生子、满月、乔迁、升职等）到来时贴心地寄上一份礼物、一束鲜花、一张用心设计的卡片和一个情意满满的电话和短信，都会让人际关系加分。而做到这一切其实不容易，因为每个人平时大脑要记住的事情太多，很容易忙忘了，等到想起，关键日子已经错过。建立人际资料库是一个好办法，可以用手机App或笔记本记下重要人际的姓名、生日、爱好、职业、收入、家庭状况、生活方式、特殊日子、相识的大致年月等，善于收集资讯并充分记录。

只知建立人脉而不去保持人脉永远都是徒劳无功。人都是有惰性的，良好的人际关系一定要多主动问候，要像一个话务员一样，勤于联络。我们可以通过电话和微信往来、举办聚会、赠送礼物等各种方式定期保持沟通。在朋友陷入困境或遭遇不幸时，更要及时送去你的关爱。人们最关心的是"你能为我做什么"，而最难忘的也是"你为他做了什么"。

（五）多看他人优点，取长补短

每个人有优缺点，人无完人。我们发现并轻松指出他人缺点、失误的能力几乎是与生俱来。多看他人优点，会产生以下四个好处：

1. 公正看待，促进自己成长。只看到他人的缺点错误，看不到他人的优点，那就不能客观公正地评价他人，就会产生误会和诋毁。优点是一种积极向上的东西，如果一个人多看他人的优点，等于说人的大脑一直在接收积极向上的东西，自身也会变得积极向上。反之，如果一个人脑子里全是消极负面的评价，长此下去，对自身的成长也很不利。

2. 习他人所长，变成自己优点。人们在看他人的优点过程中，更能发现进步的东西，从中受到启发和觉悟，使自己得到提升。古人云："三人行，必有我师焉。"善于发现他人优点并在实践中效仿和超越，就会逐渐变成自己的优点，甚至会创新出新的优点。

3. 补自己的短板。他人的优点，往往是自身的缺点。如果要想克服自己的缺点，就必须学习他人的优点，而要学习他人的优点，必须多看他人的优点。

4. 激励他人。当自己发现了他人优点，如果能真诚、客观、及时地进行赞美，这对他人来说，无疑是一种激励，他会进一步努力，使优点更优。

（六）信守承诺，保持诚信

成功人士的身上都透射着一种行事敏捷和诚实守信的习惯，他们大多非常有时间观念，不会浪费他人时间。迟到是一种陋习，不但轻视他人的时间价值，更会透支自己的信用。兑现承诺是对一个人信用的检验。说到做到，是做人做事的基石，言而无信是人际关系的大敌。尊重他人的人更容易被人尊重。

（七）善于赞美与感恩

心理学中的 ABC 理论指出一个人不恰当的认知会导致心理不平衡，引发不良情绪和人际关系。打个比方，现在很多家庭会请公公和婆婆来照顾孩子和帮忙做家务，如果我们认为公公婆婆的付出理所应当，甚至处处用高标准来对照，我们就会发现很多地方都会引发不满，对他们的付出我们会视而不见，对他们的缺点或不足我们则会放大，低于自己预期，就会感到失望、愤怒，从而引发婆媳矛盾。若对老人能怀有感恩之心，认为他们的帮忙是奉献和付出，认为他们有缺点和差错也是人之常情，就会让小家庭升起温暖，减少很多矛盾。心存善念，心存感恩地去看待人和物，会让我们更加豁达，同时因为家庭的和谐共处和相互配合，也会增加知足感和幸福感。

我和我母亲也曾经多次发生过口角和争执。有人说婆媳会有矛盾，而和自己母亲则不会出现问题，其实不然，我在做过的多个案例和调节过的很多家庭中，与自己母亲格格不入甚至互相语言暴力的也大有人在。其实大部分矛盾都是来自语言习惯差异、情绪不被重视、需求不被满足、感受不到价值和被尊重。经常进行赞美和感恩练习，则能很好地融化彼此隔阂和消除误解。

（八）互惠共赢

沃特斯在《致富的科学》一书中写道："你必须给别人留下深刻的印象，让他们觉得与你交往，他们会为自己增加收入。确保你给他们的使用价值大于你从他们那里获得的现金价值。做这件事要有诚实的自豪感，让每个人都知道，这样你就不会缺少顾客。人们会去增加收入的地方。"意思是在每一次互动中，尝试为他人提供比你从他们身上得到的更多的价值。这样做利用了社会心理学的一个重要原则：互惠。而共赢是指为双方或多方都带来较大的利益或者能够为双方都减少损失。为出发点，使合作的双方或多方能够共同获得利益。不管是在职场中还是在社交关系中，只有合作共赢、互惠共利，才是生存之道。

安德鲁·卡内基曾一贫如洗，且只上过 4 年学。年轻时他每天努力工作，但是每小时只能赚到 2 美分，后来他却一次捐出 3.65 亿美元，他是如何获得成功的呢？卡内基曾分享自己从小就学到了与人的相处之道，早早地就明白，如果想要别人按照自己的想法去行动，就必须满足他人的需求，并且将自己的需求和他人的需求联系起来，以此来达成自己的目标。最后他成功地运用了人际关系获得了成功。人际成功的秘诀就是这么简单：理解他人并满足他人需求。

（九）主动承认错误和表达歉意

美国总统本杰明·富兰克林曾经是一位冒失的年轻人，有一次被教会的教友叫到一边训了一顿："本，你简直没救了。你总不放过任何一个与你意见不同的人，每次你都要据理力争。你的观点令人生厌，没人理睬，没有你，大家其乐融融。你太自以为是，没人能教你什么，没人会自讨没趣。你很无知，而且你再也不可能有所长进了。"

富兰克林听后感到很震惊，后来他给自己定下了铁规矩：绝对不伤害别人的感情，不冒失武断，甚至在措辞中也避免使用带有绝对、肯定性的字眼，如"当然""毋庸置疑"等。他觉得一件事情不能轻易下定论，他会说："我想""我觉得""我估计"。反对别人观点，他也不会直截了当地反驳，而是用："从某种意义上讲，您的观点是正确的；但是在现在这种情形下，我觉得或许是……"事实证明，这种谈话技巧有很惊人的成效，这可以使双方的交流更加地愉快。而富兰克林能及时认识到问题且加以改正，也是主动面对错误和改正错误的典范。

我们在与人交往的过程中，有时难免会说错话或者做错事情，有的失误可能会让他人遭受精神或者物质上的巨大损失。适当的时候主动道歉并不是软弱的表现，我们每个人在承认自己错误的时候都需要很大的勇气。如果我们的自尊心使我们和朋友就算人际关系破裂也不愿意选择道歉的话，会让别人觉得这个人不能深交，再好的朋友都会远离你。

表示歉意的时候，态度一定要诚恳。在家庭关系中，一方向另一方表示歉意，如果不真诚，而是负气地甩出一句："对不起，我错了，我赔礼道歉还不行吗？反正错的永远是我。"这样的话语无疑是火上浇油，对解决矛盾纷争并没有益处。其实家庭矛盾中没有绝对正确或绝对错误的一方，当一方非常诚恳地认错和请求原谅，另一方也会从自身找到问题和错误。如果我们能从所有发生的事情当中找到自己尽量多的错误，而不是一味指责他人，就有了提升和完善的机会。抱怨是对自己最大的消耗和惩罚，因为我们快乐与否，不是取决于事件本身，而是取决于我们如何看待事件，这就是"思维决定习惯，习惯主宰人生"。

一个人能自我悦纳，才能更有勇气面对自己的不完美，以更加平和的情绪，让自己从过往很多问题中汲取到经验和营养，当我们不断提升自身修养和格局，我们也更愿意面对错误、表达歉意，继而解决人际问题，形成更多良性的循环。

第四章

跟随心流，改写命运

如果将自己遇到所有的不幸归结于命运的安排，认为"人的命，天注定"，似乎这一辈子会遇到什么人，经历什么事，冥冥之中，早已注定。不管怎么奋斗，命运注定此生平庸，那是怎么样也成功不了，努力奋斗还有什么意义？就干脆随缘吧，每天浑浑噩噩地过日子，再有新的不幸发生，也都认了，反正就是命中注定悲苦一生。实际上，这是非常消极的认知。

记得 2019 年 7 月我和我爱人去电影院看国产动画《哪吒之魔童降世》首映，看后觉得很是畅快。这部电影中，让我印象最深的两句台词是："我命由我不由天""若命运不公，我便与他斗到底"。哪吒在世人异样的眼中叛逆成长，成为熊孩子，最后却在父母和师父的爱中成为一位拯救苍生的小英雄，改写自己的命运。

我们身边的确有不少人抱怨命运不公，命好的人是"衔着金汤勺出生"，不用努力就富裕一生，因此总是把"人比人，气死人"这句话挂在嘴边。其实在现实生活中，完全不攀比是很难的，但关键要看怎么比。正确的比法应该是，在学业、事业、技能、品行、贡献等方面和强于自己的人比，在名利、地位、收入、享乐等方面和不如自己的人比。这样就能"知足而常乐，知不足而努力"。

明朝思想家袁了凡先生在 69 岁时写给子孙后辈的《了凡四训》

中教导自己的子孙们积极改造命运，通过立命之学、改过之法、积善之方、谦德之效四个部分来讲解如何改变命运。袁了凡先生认为一个人只要能发出勇猛坚决的善念，就能把握住自己的命运。譬如上千年的幽暗山谷，只要有一盏明灯照射进去，那么这千年的黑暗就可以去除。同时一旦发现过失，立即改正，也可以枯木逢春，福德深厚。

曾国藩年轻时，读罢《了凡四训》后，豁然惊醒。遂将自己的号改为"涤生"。"涤者，取涤其旧染之污也；生者，取明袁了凡之言。从前种种，譬如昨日死；从后种种，譬如今日生也。"曾国藩奋然振作，精勤砥砺，终成晚清中兴第一名臣。

我一直都有种不信命、不服输的心态，在我父亲2014年突发重疾匆匆离世后更为明显。因为父亲曾在年轻时找大师算命，说他能活到83岁，因此他经常地认为自己身体很健康，寿命很长，所以不用小心翼翼。结果距离自己60周岁还有1个月时突然被诊断为食道癌，他非常后悔自己曾经对健康的不重视，然后直到最后一刻他都不甘心这么早离开人世，他始终还在想着算命师父说的83岁。送走父亲后，我更加不信算命大师的精确度，我们人生的这部剧，导演怎能是算命大师呢？

心理学大师卡尔·荣格曾经说过："当潜意识呈现，命运就被改写了。"潜意识中有什么，世界就会有什么，潜意识就是每个人生命的"预言书"。

一、练习进入心流，专注力带你跃迁

法国著名思想家、文学家、作家罗曼·罗兰曾说："与其花许多时间和精力去凿许多浅井，不如花同样的时间和精力去凿一口深井。"真正的高手，都懂得在一个赛道里，一心一意地去深耕。

今年年初收到一位朋友发来的新年祝福，让我倍感激励，在这里分享一下：

动车"子弹头"能高速飞驰，除了自带强引擎外，还有轨道的笔直和车头的聚向，能减少路面摩擦并降低迎风阻力。

这和我们的成长惊人地相像，大多时候我们都并不聚焦，左顾右盼、患得患失、迟疑纠结，什么都想要却最后什么都做不好。

彻底穿越低迷，放下牵绊，聚焦 1 米的宽度，扎根 10000 米的深度，方能让梦想迎风飘扬。

他的见解很深，是因为他走出了迷茫，坚定在自己的赛道并取得了不错的成果。想想的确如此，我曾经换过很多企业及从事过很多岗位，这样的结果就是我涉及的行业、领域、专业、工种真的很多，广度虽有，深度却自然没法和十年磨一剑、二十年磨一剑的人相提并论。这也导致我身不由己在职场做了自感无趣的工作后，最终还是决定走回自己的热爱并孤注一掷去深耕。虽然开始得有点迟，但比起到现在还找不到方向、终日不甘又不敢变动的人来说，我又是幸运的。

卡尔·纽波特在《深度工作》中写道："人和人最大的差别，就在专注，守恒。"同样是看书，有人一个月看不完 1 本，但有人一周就能看 5 本。

在《证券市场红周刊》对查理·芒格的采访视频中，记者问芒格的生活习惯，芒格回答说："I read though 20 books a week."（我一周读 20 本书。）查理·芒格 95 岁高龄还能坚持一周读 20 本书，意味着一个月 80 本，一年 1040 本。在我认识的人当中，一年能读 100 本书的人已是凤毛麟角，更别说每年都坚持读 1000 本书了。《穷查理宝典》记载孩子们都笑芒格是"一本长了两条腿的书"。而芒格自己也说："我见过的聪明人当中，没有一个不是每天都阅读的。巴菲特读过的书之多，我读过的书之多，可能超乎你们的想象。"以芒格的速度，花 10 年时间就可以做到"读书破万卷"，的确堪称"行走的图书馆"。

有的人可能会说一看书就想睡觉，坚持看书一定需要超凡的毅力。其实有的人并不是可以坚持看书，而是热爱读书，只有真心热爱，才会有自动自发、自然而然、水到渠成的状态。相信芒格也没有刻意去数自己读了多少本书。对于热爱读书的人来说，阅读是快乐的，沉浸在心流中浑然忘了时间的流失。

曾国藩一生都在践行"专注""有恒"，他读书时全神贯注只读书，一本书没看完之前，绝不翻开其他的书，更不会去做读书以外的事情分心，既不娱乐，也不做其他事情。后来他发现，阅读、记日记这些好习惯，无形之中改变了他的人生，他就每天读书，写日记，从没有一天间断过，把这两个习惯坚持到了令人发指的地步。曾国藩用他的一生，让我们明白，其实这个世界的规则很简单，就是定下规矩后，简单的事情重复做，重复的事情用心做，在持之以恒的努力下，世界会为你让路。他曾说："凡人做一事，便须全副精神注在此一事，首尾不懈，不可见异思迁，做这样，想那样，坐这山，望那山。人而无恒，终身一无所成。"

包括我在内，我们很多人欠缺的不是勇气和机遇，也不是聪明才智，其实仅仅是锚定方向并持久专注，能瞬间进入心流并延长心流状态。

比如在职场，很多人需要做总结汇报和方案 PPT，有人很难专注而习惯性加班，有人集中精力 2 小时就能轻松搞定，可以有自己的休闲时间。对于职场中人来说，能否保持极强的注意力，比是否专业更重要。注意力可以让思维更有逻辑、更系统去抓取资源信息。

在网络信息大爆炸时代，若专注力不够，注意力也很容易分散，造成效率低下。专注是一种能力，需要持续聚焦。

刻意练习 = 专注 × 科学的方法 × 重复次数

没有专注度，刻意练习的效果为 0，能力跃迁更是无稽之谈。

专注力在任何时候都是一种稀缺资源，对于高手来说，它更是一种战略。

股神巴菲特非常佩服的一位棒球手叫泰德，泰德认为打球技巧就是：不要每个球都打，而是只打那些处在"甜蜜区"的球。他把击打区划分为 77 个小区域，每个区域只有一个棒球大小，只有当球进入理想区域时，才挥棒击打，这样才能保持最高的击打率。否则如果去击打处于边缘位置的球，击打率会非常低。对于非核心区的球，即使嗖嗖从身边飞过，泰德也绝不挥棒。只关注"甜蜜区"里的球，泰德具备的是更高的觉悟和战略眼光。

以下的专注力法则，可以提升我们的专注能力。

1. 抓一个点，收缩战线，集中优势精力单点击破。

2. 列一张事务清单，把目前在做的 / 计划要做的都列出来。

3. 逐个对重要性打分（可以多次打分）。

4. 选出一个，再进行评估，直到选出一个最重要的事情为止。

5. 把大部分的时间、精力分配给这一件事，列计划、找资源、多行动、勤复盘。

6. 当这件事做完之后，继续从第一步开始。

把注意力聚焦在某一点，无暇他顾，用最精准的算法，稳扎稳打，计算着赢的概率，极度克制，只击打高价值区域的"球"。这是必胜的战略。

注意力时间短，碎片化的注意力，没法让你对一项工作进入深入地研究学习。碎片化学习也是去学习一整块的知识，同时用整片的时间来学习，更容易进入心流状态。

我在需要突击做项目方案或课程设计时，我采取的方法就是手机调成免打扰状态，同时尽可能不看手机，通过一些专注力软件进行安抚。曾经我也试过考试前突击复习，故意不带手机去自习室或咖啡厅，每次都能取得很好的效率。

王阳明在《传习录》中这样说道：有一种人，天天忙忙碌碌，累个半死，最终却一事无成。这是一个无比忙碌且注意力缺失的时代，每天时间似乎被安排得满满当当，躺到床上回顾收获时，却觉得并没有完成预期目标。外界充斥着太多的诱惑，我们时时刻刻都在接受外界传来的消息，各种微信、各种推销电话、各种新闻和小道消息，让我们越来越难静下心来去做一件事儿。导致了一种恶性循环，越忙越穷，越穷越忙，不停忙着"救火"。我们的忙碌是不是真的专注在提升自己竞争力和核心目标上面呢？绝大多数人的答案显然不是的，我们经常沉浸在鸡毛蒜皮的小事和人际纷扰中。

大脑注意力不集中和容易拖延都意味着大脑没有得到很好的自我控制，集中注意力才是大脑所做的最重要的事。

曾国藩把做事专注有成运用到军事上，论到战守事宜时，他曾经说："主守就是专守，主战就是专攻，主城就是专门修城，主垒就是专门修筑堡垒，万万不可以脚踏两只船，到打仗时候张皇失措！"

西奥多·罗斯福曾任第 26 任美国总统。他的注意力看起来分散得令人绝望，但取得了令后人羡慕不已的成绩。根据传记作家埃德蒙德·莫里斯统计，罗斯福的兴趣包括拳击、摔跤、健身、舞蹈课、诗歌阅读和自然学。莫里斯介绍说："他待在书桌前的时间比较少，但是注意力十分集中，他的阅读速度十分快，所以可以比大多数人（从课业中）节省出更多的时间。"其实这个专注策略就是心流模式，摒弃外界的一切干扰专注于我们当下的工作。提升自己的专注力，就相当于埋下一颗逆袭的种子。心流模式高度专注，一旦进入心流模式，就可以激活你的大脑潜能，一个小时飞逝而过，却感觉只过了 15 分钟；更加神奇的是，一个小时内竟可以完成相当于几个小时的任务。

提高专注力的技巧

1. 远离社交媒体

　　社交媒体是当下让人专注力缺失的主要源头，看不完的新闻、刷不完的视频，各种让我们眼花缭乱的综艺节目和明星事件。有很多人出现了"手机综合征"，即无意识地每天都想不断打开手机到处刷，几乎几分钟就查看一下手机有没有人联系和朋友圈点赞，有没有什么新的新闻，这样的刷手机的频率，很难投入专注高效的办公状态。

　　我采用的方法一般就是用西红柿钟 App 和电脑日历清单 App 开启专注模式，日历清单梳理轻重缓急的待办事项及计划时长，西红柿钟则每 25 分钟进行一次音乐提醒的专注时段，严格模式下不可以碰手机任何其他软件，否则会提醒专注失败、从头再来。现在很多品牌智能手机也有勿扰模式，可以设置专注工作时过滤社交软件，保持不受打扰的心流状态。专注期练习可以先从 25 分钟开始尝试，最后可以延长到一个西红柿钟45分钟，这期间不处理其他任何事务，即使想吃东西喝饮料，也放到结束一个西红柿钟后的 5-10 分钟休息时间里进行。同时休息时间还可以集中处理专注期里头脑里浮出来的各种念头和想做的事，这样的方法对改善过度分散的注意力和"手机综合征"有很大的帮助。

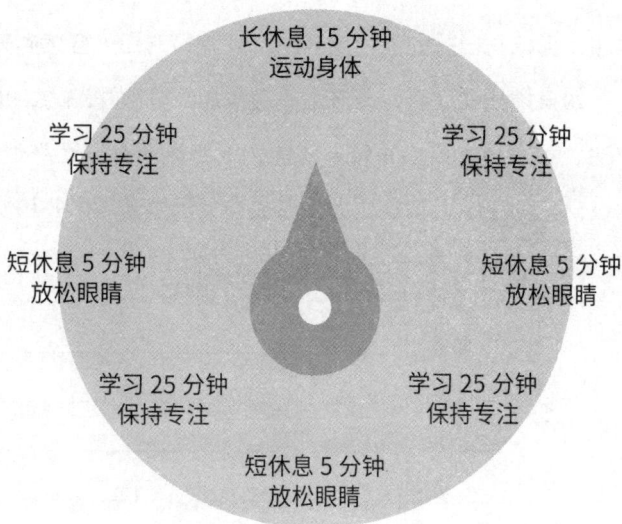

长休息 15 分钟
运动身体

学习 25 分钟
保持专注

学习 25 分钟
保持专注

短休息 5 分钟
放松眼睛

短休息 5 分钟
放松眼睛

学习 25 分钟
保持专注

学习 25 分钟
保持专注

短休息 5 分钟
放松眼睛

2. 目标清晰具体并与能力匹配

目标制订了之后，也会因为无从下手或遇到困难而搁浅。意大利知名教育家蒙台梭利曾讲："专注是能做到不被外界打扰，集中注意力在一件事情上，并且这种注意力是集中、持续性的。"麻省理工学院的一位脑神经学家罗伯特·戴斯蒙也证实：位于大脑额叶皮质区的神经元是控制注意力的区域，6 岁以后是发展快速期，12 岁以后才向成熟趋势发展。1 岁以下的婴幼儿持续注意力只有十几秒；2 岁至 5 岁平均在 10 分钟左右，最高也不过 15 分钟；小学以后可达到 20 分钟以上；到了中学阶段可以超过 30 分钟。

近几年，很多小升初和初升高的家长表示因为孩子升学率和择校问题每天都非常焦虑，对孩子自律性和专注力问题非常苦恼，他们笑侃：学习以外的任何事都能对孩子产生诱惑，一到学习，催眠功效就来了。提升孩子学习专注力需要家长意识到困难并共同面对，帮助孩子一同制订从易到难的目标分解表，有目标，才会知道在哪方面专注，目标与当前的能力应匹配。太容易的任务会感到无聊而不用心。如果挑战度太高，会产生心理焦虑，分散注意力，也很难坚持专注。孩子会容易因为每一次能达成目标而对自己产生信心，逐步驾驭自己的注意力和专注力，形成让父母感到欣慰并称赞的良性循环。以下是帮助目标制订的《梦想时间轴》：

80 岁	_____
____ 岁	_____
____ 岁	_____
____ 岁	_____
10 年	_____
____年____月____岁 5 年	_____
4 年	_____
____年____月____岁 3 年	_____
2 年	_____
____年____月____岁 1 年	_____
9 个月	_____
6 个月	_____
3 个月	_____
本月	_____

3. 打造有秩序的环境

专注力就是知识的窗口，通过它可以获得知识的阳光。专注力高的益处不仅体现在学习上，对任何一件事它都是优势。大多数成人在工作或学习的时候，发现在安静的环境中更易静下心来，如果周围太吵或杂乱无章，视觉和听觉会被环境分散，也就无法专注。

如果自己居家办公或公司办公区域桌面凌乱，很多东西找不到或容易被打翻，也会增加干扰专注力的熵。如果家中有学龄期孩子，也建议检查孩子学习房间和书桌上下左右各个视角，如果有无关的摆设或玩具、宠物、上网设备等，孩子注意力很容易分散，学龄期孩子自控力没那么强，简单有秩序的环境，才可以让孩子把精力放在要完成的首要任务上。

4. 不打断、不打扰

美国心理与脑科学教授 Chen Yu 做过一个判断成人的行动对其专注力的影响度。实验对象是一岁到一岁半的孩子和家长，一共 40 组，试验人员将监测眼球运动情况的追踪器戴在孩子的头顶，通过父母不同互动模式，看孩子眼球运动数据，结果发现：当孩子自主玩耍不被打扰的情况下，他的手部和眼球运动很聚焦，专注力较强；当有一些家长拿起玩具指导怎么玩时，监测器反馈，孩子的眼神会向周围飘忽不定，注意力会在家长的肩膀或手上甚至更远，并没听进去指导；当家长再次把玩具交到他手上，专注力再次聚焦需要很长时间。这个实验不难理解，父母对孩子的打断不仅对他没有太大帮助，反而使专注力分散难再聚焦。在孩子专注某件事情时，家长要学会做旁观者，给他自主思考的时间和空间，这就是对专注力最好的保护。

对于成年人也如此，在职场从事脑力工作的人士体会更深，他们经常需要大段时间集中精力完成有一定难度的方案、汇报、新闻、研发、设计类工作，这时候如果频繁被外界因素打断，如噪音、争吵或领导临时交派工作等外因，注意力被打断后再次进入需要 10-15 分钟。所以需要尽量减少自己被打断和被打扰的概率，可以告知他人稍后处理，避免不断重新开始。

二、利用心流时刻，与内在对话

　　积极心理学奠基人米哈里教授对心流的定义是："心流是一种状态，人们全神贯注地投入一项活动中，似乎其他事情都不再重要；这种体验本身能带来极大的愉悦感，所以人们即便付出巨大的代价，也愿意享受这种体验。"在心流状态中，我们全情投入，效率极高，体验极好，吉姆·奎克在著作《无限可能》一书中总结了心流的四个敌人：一心多用、压力、畏惧失败、缺乏信念。认识这四个敌人，战胜他们，我们就离心流状态更进一步。即使开始的时候会有分心的时候，也不必责备自己，把注意力拉回来，继续投入到当下的事情中去，尽量减少分心的次数。

　　给自己时间练习心流时刻，最好能预留一大块时间。进入心流状态一般需要 10-15 分钟，达到巅峰状态则要 45 分钟，所以，预留出 90-120 分钟的时间，会让自己更轻松地进入心流状态。最初练习时最好选择做自己喜欢的事情，给自己一个简单易行的目标，并对照一下阶段自检进入心流的六个特征：

　　1. 注意力完全集中，全神贯注，不想别的。

　　2. 意识和行动融为一体，忘却了自己。

3. 内心评判的声音消失，不再对自己评价，非常自由。

4. 时间消失，自己停留在了"深度的当下"。

5. 强烈的自主，掌控的局面，自己是命运的主人。

6. 有强烈的愉悦感，特别高兴，特别满足，宁可冒更大的危险也要再试一次。

一旦进入就可以尝试与我们内心链接，可以从关爱内心的烦恼开始，缓缓地问自己的内在："最近是否发生了一件我感觉到难办的事，我要怎么办呢？什么是我期望的结果呢？"静静地聆听内在想对你说的，也许需要一小会儿，就会有声音浮现出来，我们可以从内心获得力量和解决问题的智慧。

如果在链接内心时有突然"冒出来"的伤痛感觉，尝试去接纳这些感觉而非回避或自我批判，有时内心可能还会冒出愤怒、挫败、不耐烦、痛苦与焦虑的感觉，试着辨识出是什么创伤受到的触动。举个例子，有的人有深层次亲密关系的障碍，婚后对自己的妻子总是表现出不冷不热或缺少肢体亲密接触，表象是他似乎不爱自己的妻子，深层次链接可能会浮现出幼年渴望父母的爱而未得到后的自我封闭，或青春期情感背叛而产生的遗弃创伤，因缺乏安全感而采取无意识的情感隔离保护措施。内心渴望亲人和爱人的陪伴，渴望安全、情感、爱与温暖，同时又害怕失去。与内在对话，会让自己真实感受到情绪和过往创伤影响，看到内心的恐惧空间，通过自我疗愈和安抚逐渐走出创伤，也不会再因为对亲密关系的暂时性"做不到"而自责。

三、珍惜困境中的心流，手握披荆斩棘的利剑

哈姆雷特曾说："决心的本色在顾虑的阴影下变得苍白。"知道该怎么做，却无法付诸行动很可悲。英国浪漫诗人布莱克说："心中有欲望却不付诸行动的人是在毒害自己。"当一个人痛下决心追求一个重要的目标，一切心动都能汇集成心流体验，会知道自己要什么，并朝这个方向努力，人的感觉、思想、行动都能默契配合，内心和谐不拧巴。生活在和谐之中的人，不论做什么、遭遇什么，都不会把精神能量浪费在怀疑、后悔、纠结、忧郁、恐惧之上，不会产生大量的精神内耗。对当下胸有成竹并坚定有力，是内在一致的最高境界。

前几年，曾经有一篇文章刷了屏——《她用了10年从深圳流水线厂妹做到纽约高薪程序员》。讲的是一位叫孙玲的农村姑娘，用了10年的时间实现了高中生厂妹→本科高自考→自学编程→自学英语→留学美国→谷歌外包程序员的过程，实现人生跨越和逆袭。孙玲的故事被不断炒热后，被许多人质疑报道的真实性，有人认为是捏造的鸡汤，有人认为这简直胡吹，不愿意承认人能做到改变命运，认为一个高考落榜的姑娘，出身贫困，一边上培训班一边干兼职，

居然能做上谷歌的程序员。后来，孙玲在知乎写了篇帖子，对网上的质疑——回应，把在哪里上课、实习、学习和打工的事实和考级证、成绩单都发了出来。

看完孙玲写的答疑文章，人们终于相信并佩服：好姑娘，真棒！"要奔跑、跳跃、欢笑、哭泣、热爱生活。"这是孙玲曾经在朋友圈写下的一句话，很多年过去，当她再次遇到事业挑战时，也曾说："我当然是焦虑的。但最艰难的时刻已经过去，我的人生经历是，即便是失败，也是一种经历。"

的确，越平凡的人，起点越低的人，追逐梦想的路上遭遇的痛苦和挑战也更多。身处困境却不被命运所打败，在困境中成长，把磨难当作老师，就会拥有直面挫折、披荆斩棘的决心。正如鲁迅所说："上人生的旅路罢，前途很远，也很暗。然而不要怕，不怕的人的面前才有路。"

罗曼·罗兰说过："世界上有一种英雄主义，就是看清生活的真相之后，依然热爱生活。"一个人想改变命运不能单靠念头，更要有力量、动力、毅力和持续行动力。从混沌中创造秩序，从精神熵中汲取能量，则能化险为夷，重新利用一切资源，改造更有利的秩序，从而让自己蜕变。人在匪夷所思的恶劣环境下，更容易被激发求生欲望和重生的信念。

正念思维，活出完整的生命

每个人身上有自己不愿意触碰的一面，即使阴暗面也是生命的一部分，能够接纳自己的不足、自己的不完美，才能活出完整的生命。也因为能接纳自己，所以对他人也心存宽容。

我曾经遇到一个来访者，提到自己无法忍受妻子的很多缺点，一直希望自己妻子能更有进取心，凡事都能成为孩子的榜样，同时认为自己也一直保持更积极更优秀，他认为人人都能做到。妻子忍无可忍于去年提出了离婚并头也不回地走了。他很想不通为什么人不能变得更好？找我咨询时，是他意识到妻子离开后，他开始把这些期盼加注在自己6岁的儿子身上。最近儿子频频犯错，已经遭到他无法自控的打骂伤害，现在孩子显得非常孤僻，不愿交流，犯错次数似乎更多了。

通过进一步了解，我得知他幼年一直是留守儿童，非常渴望家庭的温暖，希望自己被认可。他对自己一直过于苛刻，希望自己无所不能，同时也认为自己的妻子和孩子也可以不断追求卓越。德国作家埃克哈特·托利的著作《当下的力量》中有一段话：我们总是忘不掉过去，更担心未来，成为"强迫性思维"的受害者。实际上，我们只能活在当下，活在此时此刻，过去和未来只是毫无意义的时间概念。我们对自己和他人的苛责，背后是焦虑和安全感的缺失，深藏过去的遗憾，又期望从未来得到救赎。

我引导他进行转念：允许一切不完美的发生会如何？感受当下残缺会如何？接受身边亲人、同事、领导有很多无法改变的缺点会如何？若不去担心未来没有发生的，也放下过去已发生的问题，就开始进入正念思维，是把注意力投入当下的能力。拥有正念思维，可以帮助我们从"强迫性思维"解脱出来，减少消极情绪产生的内耗，心无旁骛地关注此时此刻，获得内心的稳定力量。转变心态，环境中的人、事、物自然随之而变。

新东方联合创始人王强所说："人生最大的捷径，就是读一流的好书。"对此我深深赞同，我一直渴望自己博学多才、满腹诗书，能在有生之年把各类国内外文学名著、国内外史书都尽可能多地通读。结果每次拿起任何一本四书五经，翻不到几页就会投降，然后一搁置就很难再次拿起来。我心里清楚自己并不是完全没空阅读，而是文言文我读起来感到晦涩难懂，也容易勾起学生时代对语文考试的记忆，可最近两个月我重新拿起书架上的《庄子》，竟然每天翻看几十页，能细细品味和记录心得，是什么改变了我的心境和阅读技巧？首先我做了积极想象，让自己穿越成为古代的一位大家闺秀，琴棋书画、满腹诗书都是稀松平常之事，看书前我泡一杯咖啡或茶，然后用香道帮助自己定神进入阅读的心流状态。我还问过自己一个问题，一个人一年50本书多不多？500本可以实现吗？当我这样想了后，我在网上做了一次突破认知的查阅，世界各国原来都有日读3本书以上的阅读爱好者，有的人此生已经看完25000本书，而查理·芒格也是一年1000本以上的阅读量，据说日本首富孙正义两年在医院养病期间读了4000本书，相当于一天读5本书。而东尼·博赞的《快速阅读》、印南敦史的《快速阅读术》等相关书籍都介绍了"年阅读量超过300本的读书达人"的攻略和技巧，真可谓万事皆有路径且可达。庄子经典的智慧语录："井蛙不可以语于海者，拘于虚也；夏虫不可以语于冰者，笃于时也；曲士不可以语于道者，束于教也。"就是指一个人的认知受到时间、空间和经验的束缚，因此会非常有限。因为认知的改变和方法工具的改变，我们对于想达成的目标就更加有信心和有把握，继而也更容易获得阶段性成果而有良性的积极反馈，自动自发的动力就来了。

生活里，很多家庭受困于一些问题和矛盾，导致一地鸡毛，各种不同的抱怨背后的问题其实都可以归类为我们的认知、能力、行动等问题。佛说人生有八苦：生苦、老苦、病苦、死苦、求不得苦、爱别离苦、怨憎会苦、五阴炽盛苦。其中的五阴炽盛就是指五蕴：

1. 色蕴：包含内色和外色。内色就是：眼、耳、鼻、舌、身——五根；外色就是：色、声、香、味、触——五境。

2. 受蕴：即领取纳受之意。对于顺境与逆境的领纳感受，分为身受和心受。包括苦、乐、舍、忧、喜五种性质。

3. 想蕴：即在看、听、接触东西时，会认定所对的境有生起认识的心理。

4. 行蕴：驱使心所造成，为一切心之作用。

5. 识蕴：能够知觉外面境界的心，称为识，意识，形成概念等等。

"五阴"是五种法遮盖住我们的智慧的意思。我通俗地解读为我们经常受困于我们自己的感知、认知和信念，所以很多的痛苦其实也是来自我们自己。如同王小波说的：人的一切痛苦，本质上都是对自己无能的愤怒。

很多孩子厌学而叛逆，和家长对着干，家长愤恨不满，要么加大压力，要么彻底放弃。其实想一想根源，学习本来就是一门技术活，对着不会游泳的人再怎么嘶吼和辱骂，他也还是一个见水就逃的人。讨厌运动的人，也是最烦听到别人说你要多运动……其实在一个班级里，尽管课程安排的顺序一致，老师讲授的方式一样，但我们总是能看到，有的学生学得好，有的学生学得差，学习表现的差异，归根结底，是课堂上专注度和投入度的差异，还有就是越尝到学习的甜头越不畏惧学习。专注度高且特别愿意每次考高分的同学"正念思维"也很强，总是能针对课堂知识迅速做出反应：思考、理解、提问、练习，最终内化为自己的知识和工具。而心思无法专注的学生，头脑混沌，考试差、老师和家长评价差、同学避而远之，对学生生涯的体验感极差，自然更加跟不上老师的节奏，作业更不会做，更加惧怕考试和看成绩单。

很多孩子对学习已经"受伤"，已经是学不懂和无信心的状态，此时精神上逼迫和心态上疏导意义不大，不如从最小单元的学会、弄懂、提高哪怕一分开始建立信心，最后才能形成良性循环。大家可以想象自己任何一种爱好或癖好，哪一个需要家人逼迫或提醒才去做？热爱就是自动自发的内驱力，趋利避害是生物的本能，也是人性的本能。我们都爱做能带来愉悦感受的事，不是吗？

职场上亦是如此，有人生目标和发展规划的人，根本不用去随时检查他有没有在工作。凡事专注和投入工作的员工，往往具备很强的学习能力，也具备发现问题和解决问题的能力，因为懂得如何获得最佳解决方案和最佳资源，往往会比其他人业绩更突出，又因为不断受到组织内部赞誉和同事追捧，对工作自然也更热爱和更有信心。这也是"正念思维"的结果，在职场不断引发良性循环，形成更多的正向反馈，成为员工稳定的心理反应机制。

驾驭不良情绪，啃下"硬骨头"

尼采说人的精神有三种境界：骆驼、狮子和婴儿。第一境界骆驼，忍辱负重，被动地听命于别人或命运的安排。第二境界狮子，把被动变成主动，由"你应该"到"我要"，一切由我主动争取，主动负起人生责任。第三境界婴儿，这是一种"我是"的状态，活在当下，享受现在的一切。第三种境界即处在正念思维中的状态，我们活在当下，应当专注当下，除非有时光机能把我们带到过去和未来。每个人都是凡人，终有一天会停止呼吸、僵冷、死亡，只有那些被享受了的"当下"时光，才能证明我们没有白活。道理似乎每个人都懂，但驾驭情绪这头大象实在太难。

当思绪的杂草被拔除，人们就能专注正在做的事，让情绪这头大象消失，就能摆脱"骑象"产生的能量消耗。当我们进入愤怒、悲伤、焦虑、恐惧等情绪时，理性思维便不能顺利进行，冲动下我们很容易做出草率的判断和激烈的行为。如果某种情绪持续时间过长，更会影响身体健康，甚至引发疾病。当我们进入心流，就会专注当下，避开了想要评判过去、平行比较、推测将来等"强迫性思考"带来的诸多情绪。不为"过去"和"未来"所扰，常感喜乐安宁。

假如，自己不小心落入泥沼，此时如果对此批判、抗拒、恐惧、抱怨、愤恨，消极的情绪会让人越陷越深。我们需要意识到，如何从泥沼中脱身才是最该做的，然后将注意力集中在当下的现实，尽最大可能从泥淖中爬上来，而不是给它贴心理标签。心理标签会影响人们的行为，以什么样的心态看待一件事，这件事就会朝着你所期望的方向发展。比如孩子幼小，经常半夜苦恼，如果认为这是受罪，太烦人，就每天生活在烦恼和痛苦中；如果当成客观事实，接受身为父母的责任和不易，也明白这只是一个阶段，就会立即回到正念思维，用平常心看待一切的发生，生出更多的耐心、包容、温柔。而我们不打骂不责备孩子时，幼小的孩子也会从我们温柔的眼神、轻声的安慰和温暖怀抱中得到安全感，更容易入睡。

越挫越勇，做自己人生顽强的"小强"

很多年前遇到过一位非常精于星座和生肖分析的朋友，当时我记得我说我是金牛座，她就笑着说："难怪这么多年，你都像是'打不死的小强'。"后来我自己也会去网上查查星座，看到一些对金牛座的解读：

金牛座不畏惧挫折，甚至可以说挫折给了他们激情和动力。金牛座的性格非常执着，他们旺盛的精力仿佛等待着被激发，一旦设立了一个目标，他们全身的力量就有了发泄的方向，而每一次的失败都会挑起他们不服输的斗志，让他们越挫越勇，百折不挠。

金牛座人的心性是最坚强的人，不畏惧任何的困难，在任何的困难面前都能保持一个高姿态的表现。任何时候在困难面前，都以一种不怕困难的心情来对待困难，这样下去，不管再大的困难在金牛座人眼里都不再是什么困难了，困难已经将他们磨炼得非常刚强了。

金牛座的个性比较童真，都说初生牛犊不怕虎，永远保持小孩心态的他们在困难面前经常毫无畏惧感，即使是跌倒了他们也会迅速站起来。在社会残酷的竞争中，金牛座也能秉持这种心态，失败了就重新再来，压力从某种程度来说也是动力，对于别人的流言蜚语金牛座人更是完全不会放在心上。

看完以上内容，我对自己都肃然起敬，觉得我咋这么强悍？身为金牛座真是自豪呢！看来这么自强不息就是因为自己有个好的星座运。结果后来我又随便搜了一下，发现原来网上对白羊座、狮子座、射手座、摩羯座也夸赞毅力非凡，是"打不死的小强"，再多查几页，我还翻到双鱼、天秤、水瓶、巨蟹得到同样的赞誉。好家伙，原本以为自己很独特，后来发现 12 个星座 9 个都是"打不死的小强"。笑完之后，想想的确如此，每个人都可能遭遇生活各种难题和挫折打压，要不要奋起拼搏，不认怂，的确只是人的一念之间。斗鸡博弈又称绝地逢生术，在斗鸡博弈中，如果有一方拿出"决不后退"的姿态并让对方相信，那么前者必定是最大的赢家。奋起拼搏的赢面也许只有 50%，但坐以待毙和直接躺平的赢面就更低了。

　　有一种动物，形貌丑陋，性情残忍狡猾，总是抢劫别人的猎物，是一种很不受人待见的动物，叫作鬣狗。看过动画片《狮子王》的也许更是憎恨厌恶鬣狗。网上甚至有人还说，恨不得这种动物早一点从地球上消失才好。其实鬣狗是一种十分聪明的动物，非常善于扬长避短，会经常主动选择追击这种最有效的捕猎方式，依靠自身超强的耐力拖垮猎物，善于运用团队战术，通过合作，它们的确能够击败像狮子这样的动物。它非常善于抓住对手的弱点，把利益最大化。它具有顽强的生命力和从不服输的精神，堪称非洲最成功的物种，它可以独自捕猎，可以组成团队捕猎，可以抢夺其他动物的劳动果实，在饥荒季节，还可以啃食其它动物嫌弃的动物死尸，甚至啃食其他动物嚼不动的骨头。连鬣狗都这么努力活好，被称作万物之灵的人，是不是更应该如此？

　　生活在一二线城市的人面临房价高、压力大、疲于奔命的窘境，很多人会认为三四线城市一定就很安逸，充满羡慕。其实我也有很多同学和朋友是回到三四线城市定居，偶尔聊天，发现三四线城市也有不同的压力源和烦恼、焦虑。一些人情世故的烦琐、婚嫁彩礼的攀比和攀关系的无奈，只有身在其中的人才懂，三四线城市也未必没有买房的压力，毕竟收入也相对更低。我们都会羡慕诗和远方，一线大城市或许是艰难前行的前线，但小城市也不只是安逸舒适的暖棚，想要改变生活现状的人不管身处何处，都需要不懈奋起，手握披荆斩棘的利剑，坚定当行的道，只为难题找方法，砥砺前行、勇往直前，做生命中让自己都忍不住喝彩的"孤勇者"。

四、识破即时快乐的面具，内求高级趣味

即时快乐，指的是每一个当下产生的欲望都得到了满足的短期快乐，是相对理性快乐而言。钱锺书先生说过："这个世上只有两种人。比如一串葡萄，一类人先挑好的吃，另一类人把最好的留到最后吃。"先挑好葡萄吃的人，就是"即时满足"的人。他们会在第一时间满足自己的需求，包括：生理需求，情感需求，社交需求，物质需求等。哪怕知道很多时候满足一些冲动会对自己有一些坏处，但是由于长期秉承追求即时快乐的价值观，也并不会认为这是一件"错误的""需要自我约束"的事情。

比如明明知道晚上熬夜玩游戏是不对的，可是做不到自我约束。明明知道医生告诫不可再碰酒，结果朋友一呼唤酒瘾就让自己如坐针毡，找各种理由也要去满足自己的欲望。而在婚姻中，最怕的也是追求即时快乐的人，他们秉承的信念是人生苦短，只要喜欢就去追求，即使失败了也不后悔。结果有的人明知道婚姻需要忠于对方和坚守底线，却在关键时候做了让自己都后悔万分的事。

也有一些痴迷大赌注的棋牌和博彩游戏，甚至痴迷网络博彩类型，如：扑克、麻将、赌球、赌马、骰宝、轮盘、百家乐等等。网

络赌博危害甚大，输得家破人亡的人不在少数。世界杯期间各种猜胜负、猜比分的博彩游戏成了赌徒们的狂欢日。博彩产业给世界提供娱乐消费需求的同时，也让不少人输得倾家荡产。2018 世界杯的巅峰对决是法国 VS 克罗地亚，最后法国夺冠，买克罗地亚赢的人结局可想而知。网络赌博就是一条不归路，让人走得越远越难回头，刚开始玩的时候多数人十赌九赢，这样不劳而获的好事发生在自己身上，会认为原来赢钱（赚钱）是这么容易。被套路了但不自知。当进入到了满心喜悦、小赌小赢、大赌大赢的阶段，很多人开始失去理智，便陷入了庄家的套路之中。当发现自己越输越多时，会进退两难，非常不愿意止损停手，毕竟钱是自己辛苦工作赚的，此时满脑子都是两个字：回本，最后越输越多越不甘心时，多数人就开始跟家人、朋友借钱，一次次套信用卡、借网贷，有时侥幸赢回一些，又想赢得更多。网络赌博就是这样一条不归路，让人走得越远越难回头！只有愿赌服输，才能戒赌上岸。人们常说染上赌博，这一生基本上就废了。其实后果比这个更严酷，染上网络赌博，有时自己和家人的命都可能由不得自己。

有即时快乐的人就有愿意延迟满足而理性快乐的人。心理学上有个著名的延迟满足效应，也被称之为"糖果效应"。心理学家让十多个孩子坐在教室里，在他们面前摆着的是糖果。制订规则的人告诉这些孩子：如果你们能等到我回来之后，再吃糖果，我会再给你们额外的奖励；如果我没回来之前，先吃掉糖果的人，就没有奖励。

结果十多个孩子里，只有少数几个孩子坚持到最后，其余的孩子很快就忍不住糖果的诱惑。在心理学家长达十余年的追踪调查下，发现当年那些"能够延迟满足的孩子"，在自己的事业上往往有更长远的职业规划，事业上更成功。而那些"即时满足的孩子"，事业上则是平庸的。延迟满足的人，更加自律，对自我的要求比较高。在事业、学习或感情里，他们往往会建立"奖赏机制"。比如，现在不适合玩，而是先做完手头工作再安心玩。当他们忙完重要的工作或学习，会奖励自己一些休息、娱乐的时间。因此，延迟满足，往往带来更好的工作效率。延迟满足让人们在忙碌的过程中，也能获得快乐；在充满压力的、糟糕的生活下，也能苦中作乐。追求"理性快乐"才会令我们驶向清晰有序的人生。

出差途中，我听到司机师傅总是唉声叹气，就跟他闲聊了几句。他说人活着太难了，跑网约车竞争激烈赚不到钱，身边还有同行过劳猝死，全靠时间换钱。真是不想继续干这个，可是老家两个孩子要读书需要钱。听到这么多苦水，有一瞬间我都被他打动了，觉得他真是苦命啊。结果后面听到他说初中都没念完就出来混了，我问他为什么没有念完，他说初二时发现那些学科太难了，自己不是念书的料，早点打工比念书轻松多了。我问他后来觉得早点打工真的会让人生更轻松吗？他才说其实不是的，20多年一直在做粗活累活，还经常收不到工钱，跑过工地也做过流水线工人，没有哪一个不是苦的。我好奇地问他除了开车这个技能还有其他技术吗？比如自己开店做生意？他说老家曾经做过几年汽车修理店，能赚到一些钱但是也太累，收入不稳，有时没生意很焦急，就想着开网约车月收入很稳，但没想到开了这几年赚得这么微薄，身体积劳成疾，价格竞争也太激烈，越来越没底线，越来越没盼头……后来我快到站了，觉得需要给他一些正面引导和能量，和他说："每一次重要的人生选择，你是否会去选择看似更容易的？因为每个工作无法长久坚持而导致没有特别的一技之长？人生或许没有谁是轻松的，那些让你羡慕的人，也许他们也曾百般艰辛、坚定走逆袭的路，他们遇到困难时会选择做逆流而上的鱼，毕竟，容易走的都是下坡路。其实没有哪种生意不是靠经年累月积累才有稳定的市场和口碑的，有些行业门槛太低，自然就会竞争白热化且很容易被淘汰。"他听了后觉得很受启发，当场就说其实心里一直有个声音，就是回老家把那个修理店继续做起来，做好了再开多几家，过两个月他就重新经营，这样还能和老婆一起打拼，和老家两个孩子在一起，一家人团聚一起。最后我下车，师傅不停地感谢，我也感到很欣慰，再次验证了延迟即兴满足的理性思维的重要性。

一个人对于快乐的定义就是即时快乐，那么就会任凭自己被接连不断的短期欲望所驱使，满足自己随时冒出来的任何冲动，也不会认为有什么不妥。反之，如果一个人追求的是理性快乐，那么就会带有一种自我约束的属性，因为知道即时快乐，和长远利益是有矛盾的，如果想要获得长远的利益，那么就需要对即时快乐加以克制。追求"即时快乐"的动力会驱使我们驶向混乱无序的生活。

声名显赫的高产作家约翰·欧文被问及个人职业生涯时，他这样回答："我在写作上如此努力的原因，就是因为写作对我来说不是工作。"他描述的是自己几十年长期处于心流状态的情形。

成功的路上并不拥挤，因为坚持的人不多。大部分的人在通往成功之路上，只有三天热情，遇到困难就打退堂鼓，半途而废，无功而返；或太过浮躁，急于求成。各种原因，各种理由，让大部分人在坚持的路上，轻松掉队，走偏，甚至走失。今日头条和抖音的创始人张一鸣也曾说："以大多数人满足感延迟程度之低，根本轮不到拼天赋。"他将控制"延迟满足感"的能力奉为人生信条，甚至表示很多人生中的问题都是因为没有延迟满足感而造成的。坚持就是通过自己一直的努力和付出，去获得更大的成就和满足感，也就是把自己的满足感延后实现。这可是逆人性的，人性就是趋利避害，即使短期的利，也是趋之若鹜；即使短期的害，也是避之蛇蝎。

进入心流能让我们保持高水平的活力与信心，让我们对工作拥有足够的热爱，从而在面对挑战时进行有价值的冒险。确保自己目标明确，再考察挑战与自身技能之间的对比关系。努力让两者匹配，你就有可能进入理性快乐，进入活跃的心流状态。在心流状态下，内在动力会源源不断地出现，让当下艰难的旅程变得更为刺激有趣。

高级趣味

《创业史》中有一句话：社会上总有那么一部分人，拿自己的低级趣味，忖度旁人崇高的心情。低级趣味，是指庸俗的思想情趣，也是所有动物在进化进程中，那些相对初始的本能行为。如生理满足和进食需要，是单纯动物性行为、本能行为。中国古圣人讲，"食色，性也"，正是从这个意义上来说的。

低级趣味就是每个人都能体会得到并且不需要付出辛苦的代价获得的，比如说吃着薯片打游戏。低级趣味与生俱来，而高级趣味却需要修炼而成。高级趣味，是指高雅的思想情趣。这种高雅，是社会认可的品德修养，也是积极高尚的人生境界。通常越是文明程度高的地区和人群，其生活情趣越呈现多元化，低级趣味比重应该较轻。人类的进化过程也就是不断提升高级趣味的过程。正如诸葛亮所言，"静以修身，俭以养德，非淡泊无以明志，非宁静无以致远"。东坡先生杖履所至，几曾出现过低级而无趣的俗物呢。

世界上具有高级趣味的人有很多。高级趣味包括了很多方面，比如从不议论别人的是非，懂得三缄其口。把一件事做到了极致也是一种高级趣味，比如有些人酷爱阅读、书法、绘画、鉴赏、雕刻、舞蹈、摄影、乐器、烹饪。要做这么有趣的人，首先你的能力要一流，也就是你先要让自己高级起来。

明末才子张岱说乐趣是一个人最大的魅力。一个有着有趣灵魂的人必须是一个乐观、阳光、向上的人，即使看到了生活的真相，仍然热爱生活，不会放弃未来。爬山的表面目的是登顶，但真正收获却是攀登过程中的种种热爱和心流体验。

高级生活的前提：具有自得其乐的性格

简·汉密尔顿博士关于视觉与大脑皮层活动的研究结果显示：自得其乐性格的人，不太需要物质财富、娱乐、舒适、权力或名望，因为他所做的事情本身就已经是一种回馈。由于这种人不论在工作、家庭生活、人际互动、饮食甚至是独处时，都能感受到心流，因此不太会依赖外在的报酬行事，过着沉闷枯燥、了无意义的公式化生活。他们不受外来事物的威逼利诱，显得较自动自发、独立自主，因为全心投入生活，他们对身旁诸事也多多参与。在各种情况下自得其乐性格的人注意力极具弹性，有能力对外来刺激进行筛选，只注意与这一刻有关的事物，集中注意力反而更轻松，因为他们可以把其他不相关的资讯都抛在一旁。换句话说，他们更容易全神贯注于当下，这是心流体验必不可少的条件。"自得其乐的性格"在困顿中体验快乐的行事风格。

自得其乐者始终会想尽办法收复对自己意识的控制，随时随地创造机会获得心流体验，保持自我的完整。培养自得其乐的性格有四个方法：

1. 确立目标，加强时间管理。

2. 培养专注力，全神贯注。

3. 避免过于自我，不用担心自己的表现好不好。

4. 寻求乐趣，确立目标、培养技巧、接收回馈。

有一位被囚禁在越南北部多年的飞行员，在被囚禁期间，每天靠想象打一局十八洞的高尔夫球，系统地把球道分门别类，细心挑选球杆，设计球路，这样的锻炼不但使他保持神志清醒、技巧突飞猛进，更重要的是让他在难熬的囚禁生涯中依然可以享受精神上的快乐。无论在如何困顿的环境，一个自得其乐性格的人，都会想办法找到投注精神能量的新方向，寻找一个有意义的目标，纵然在客观环境里沦为奴隶，主观上仍然保持自由，最不堪的情境也能转变成心流经验。

五、与命运交手，乐此不疲

古人云，命由天定，运由己生。命运是世间万物已经为宇宙规律所预定的从生到灭的轨迹过程。看起来"命"是与生俱来别无选择的存在，而"运"则是一个人的努力过程。拿水滴石穿来举例，去过岩洞旅游的人都会发出惊叹的声音，看似不起眼的小水滴，就默默地经年累月地往下滴，水滴虽然力量小，但只要坚持不懈，就能把石头打穿。

我身边有很多吸烟的朋友，包括我父亲，他突发癌症也和常年大量吸烟有关系。直到现在我身边最亲的两位亲人——我母亲和我爱人，他们也有着难戒除的烟瘾。后来当我不断深入了解烟瘾的心理成因后，我开始放下对他们戒烟的干涉。

烟瘾一般分为生理和心理两种烟瘾，生理的烟瘾主要指对尼古丁的依赖，一旦停止就会出现难以忍受的折磨和痛苦，不得不继续使用。而心理烟瘾是长期生理烟瘾、精神和行为习惯作用的共同结果，在戒烟时，会使人在心理上产生牺牲感，很容易复吸。

心理性烟瘾中有 7 种成因的解释：

1. 好奇心理；

2. 盲目从众心理；

3. 交际心理；

4. 虚荣攀比心理；

5. 消愁解闷心理；

6. 提神心理；

7. 补偿性心理。

前面六种大家都很容易理解，补偿性心理似乎比较抽象。弗洛伊德认为，如果个体在某一阶段的发展受到阻碍或停滞，就会在成年后寻找补偿。人在婴儿期从出生到 1 岁，心理学称其为口唇期，这个年龄阶段的孩子使用口唇去认识世界，给他什么东西他都愿意用嘴巴去咬一咬、舔一舔，这是孩子在这一阶段认识世界的方式。如果一个人在成年之后，很多行为特点都聚焦于嘴巴，聚焦于口腔，那么会认为这个人在 0-1 岁之间发展出现了阻碍，没有得到很好的满足，比如说喂养不到位、父母禁止孩子咬东西。吸烟时用嘴巴吮吸的快感补偿了婴儿时期没有得到的满足，把那种对安全感的依赖转化到了吸烟上；有的不吸烟但是很喜欢说话，一直说个不停，通过大量的表达来满足自己嘴巴的愿望，还有一些人会通过不停地吃来刺激自己的嘴巴。所以成年期的很多行为是可以追溯到最原始的婴幼儿时期的。

烟瘾的戒除关键在于心瘾和习惯。生活中因为工作而疲惫不堪、因为与某个人发生争吵心烦意乱、因为等车或等人而心烦焦躁，或者想要缓解焦虑和压力，那股点燃一根烟的动作已经成了标志性的习惯。人就像提线木偶一样，在这些瞬间和关键时刻，就必须满足自己点燃烟的欲求，所以烟才很难戒除。从烟瘾和戒烟上，我想特别引出人在面对命运考验时候的两种活法，一种是总是妥协与命运交战的人，不仅仅是戒烟不成功的问题，其实会发现很多至暗时刻和艰难关节，更容易产生侥幸和绝望心理，一旦自己竖起"白旗"，眼前的对抗似乎瞬间烟消云散，可是更大的危难和风险其实在更远的地方埋伏。

《肖申克的救赎》这部电影我看过至少 5 遍，电影改编自斯蒂芬·金的小说，电影讲述的主题是顽强向命运宣战并最后取得成功的故事，非常励志。监狱环境是剥夺自由的高强度纪律化的全封闭环境，瑞德用历经沧桑的嗓音描述了肖申克监狱高高的围墙："起初你恨它。再后来你开始习惯了它。很久以后，你不能没有它。这就是驯化。"其实，每个人的心中都有一座肖申克监狱。年少时，总以为自己可以仗剑走天涯，人生充满无限可能。随着世事的打磨和无数的打击，大部分人会屈服于现实。主人公安迪为何能成为英雄？因为他拒绝被驯化。他在监狱的每一天都热烈地活着，想尽办法为狱友争取到一次放松喝啤酒的机会，找回做人的自尊。他冒险播放了歌剧《费加罗婚礼》的唱片，让狱友享受片刻美好遐想。他为肖申克监狱打造了一座图书馆，帮助不识字的狱友考取学历。所以现实的禁锢并不可怕，可怕的是心被困住、理想被驯化。

心流是解救受困的神奇的魔法，我们倾注在当下时刻，从时间、事件、自我中脱离出来，达到"正念思维"。云谷禅师曾说："从前的事已经和你无关，你要和它一刀两断，从现在开始，你要另起炉灶，洗心革面；将来的事，都从现在算起，从新开始，从心开始。"当我们从热爱开始，进入心流时刻，大脑不会跑到过去带来愤怒、伤心、悔恨、愧疚；也不会跑到未来，带来压力、焦虑、恐慌。我们通过训练，就能专注当下的"自我救赎"。

职场上，有一类跳槽成瘾的员工，从毕业进入职场后，几乎短则半年，长则两年就要跳槽，多数是因为遇到挫折或人际问题，寄希望于跳到新公司，问题会自然消失。其实没有成长的内在会让我们不断重蹈覆辙。而将心流用在聚焦当下，就会拥有向着挑战性目标全力以赴的征服欲。这样的状态会让职场的你飞速进步，每接近成功一点就会得到激动人心的反馈，无须强迫自己离开舒适区，只要进入心流，自然而然就毫不费力地进入了学习区。如果一个人每一天都在进步，维持不断提升的节奏并保持前进的力度，成功只是时间问题，人生复利不请自来。

每个人的命运都是由自己设定的，福也要自己求。要想逃脱命运不公的安排，首先要知道一句口诀：命由我，福自求。就像是草原上外表其貌不扬但内心无比强大的鬣狗一样，时时刻刻竖起雷达天线般的耳朵，随时准备着狂奔，斗志昂扬地去拥抱美好的明天！

第五章

创造你热爱的生活

终日奔忙为了什么呢？所谓生活的理想，就是为了理想的生活。当我们具备了生活自主权和能动性，就会努力创造我们想要的生活。最快意的生活莫过于，活成了自己想要的样子，同时满心充盈着爱，也有热爱的事情去做。

很多人以忙为理由不愿深究，看不清自己的心而自我蒙蔽、自我欺骗。找到自己热爱的工作、生活、人、爱好后，去遵循自己的渴望，想尽一切办法去满足去践行，就开始知行合一。因为生活的本意是爱，满心喜悦地活在爱里，生活怎能不闪闪发光？

王尔德的小说《道林·格雷的画像》中一句"好看的皮囊千篇一律，有趣的灵魂万里挑一"成了网络流行语。每天上班下班，似乎都是周而复始的日子，如果能偶尔搞点花样丰富一下自己的生活，弄出一些乐趣，不但让我们自己充满阳光活力，对家人也是一种正面激励。

一、独处是一种高级的生活方式

不知您是否见过在笼子里不停踩着滚轮跑步的小白鼠，奔跑的速度越快，转轮也越快，可永远都在笼子里，没有前进半步。很多人多年只顾埋头苦干，不辨方向地出着苦力，不敢停下来，一方面无奈，一方面又深感无力，就像小白鼠一样，在社会的滚笼不停歇地跑。即使滚轮下面放着诱人的"蛋糕"，若不能从惯性的转轮走下来，也是吃不到的。

对当下毫无觉察，被动地处理手头做不完的工作，不停地忙碌、不停地填充时间，似乎总是在做一些我们认为紧急的事情，没有停下来整理、思考。而时间花在哪里，结果就出在哪里。1987年意大利经济学家帕累托注意到当时英国的财富和收益模式，发现大部分的财富都进入了少数人的手里，后通过大量调查取样，调取不同国家的资料，最后显示社会上20%的人占据着80%的社会财富，这就是很多人耳熟能详的二八法则。生活中很多的忙碌未必都有成效，大多是花费80%的时间在并不重要的事情上。如果能花20%的时间解决80%的问题，那就是找到了解决问题的杠杆——聚焦要事。

从紧急程度上看，往往真正重要的事情，都是具有不紧急的特性。很多智慧的企业高管，通常都是"为之于未有，治之于未乱"。他们不会忙于做"救火的消防员"，而是经常通过静心分析，找到那20%的关键核心，在问题发生之初就将其扼杀于摇篮之中。而普通人缺乏这种洞察力，不辨轻重缓急，总是寄望通过勤奋和玩命加班来解决层出不穷的任务清单，也无法开展真正有益的针对性思考。

德国哲学家叔本华曾说："卓越的人必须是孤独寂寞的。"他在《关于独处》中反复提到，独处是一种更为深刻的自我成长，善于独处的人，不会在无聊中失去目标，他们会不断磨炼自己的意志，突破自己的极限，在孤独中成功突围。

母亲65岁，在我父亲离世9年后，逐渐走出悲伤，懂得利用独处的时间做自己最享受的事。她在我们这些年住过的每一个住所的大阳台上都会种上花花草草，每天精心打理。开始我还不太在意，有一次她回老家两个月，让我好好照管，我才发现，家里一共有37盆植物，包含了多种兰花、多肉、红掌、粉掌、富贵竹，还有几盆非常有趣的捕蝇草、含羞草。我爽快答应后才发现，其实照顾这么多花草，在日照强烈又天气干燥的秋日真是需要经常浇水，完全不是我想象中的一周浇一次水那么简单，其中还需要施肥、喷一些防虫药水。照顾了一周后，我就开始逐渐享受与花草亲密相处的闲暇时间了。我会哼着小曲来浇水，有时我的孩子也会来帮忙，他耳濡目染，从小就喜欢家里生趣盎然的阳台，总是主动申请帮忙浇水或减去枯黄的叶片，而且还会跟每一盆植物问好。

我自己最喜欢的独处就是在咖啡厅整理心情、写书、设计课程或者阅读一本喜欢的书，有时几个小时忽地就过了，还会意犹未尽。我也喜欢夜跑。印象最深的一次是五一节全家去度假，度假酒店里电视放着，大家安逸地嗑瓜子，我突发奇想去楼下跑步，于是5分钟换好运动衣服和鞋子，带上蓝牙耳机和手机就下楼了。我开始围着酒店大楼跑步，度假酒店环境非常美，楼下像一个公园，夜灯令人惊艳，花香令人心怡。美好的夜晚不可辜负。那个夜晚我酣畅淋漓，整个人跑得都很通透，身心都在独处中获得了能量。

人的生命是有限的，其实能够让我们真正静下心的独处时间也是短暂稀缺的。

美国人本主义心理学家马斯洛发现，独处是一种心理需求，而它带来的好处也会超出我们的想象：

1.独处能理清头绪，提高效率，摆脱困扰。

2.独处能激发灵感，解决问题。科学家发现，独处时做做深呼吸和冥想，很多问题就能迎刃而解，工作压力和焦虑、抑郁问题也会缓解。

3.独处能增进记忆，改善遗忘问题。美国斯坦福大学心理学家凯利·麦克戈尼格尔认为独处时的沉默会让大脑处于一种强化记忆的模式，利于内心的反思。

4.独处能增强理性意识和情绪自控力，改善人际关系。

5.独处能提高创意，当思维天马行空，能最大限度地利用大脑产生创造力。

学会了享受独处、与自己玩、与自己对话，甚至达到什么都不干只安静独自待着都觉得愉悦的话，便会充分意识到"独处"对一个人的成长来说是多么的重要。人只有闲下来，才能直面自己的内心，构建出自己丰富的精神世界。

有的人会把独处和孤单寂寞画上等号，其实这是不同的状态。

他们怕一个人，总是呼唤三五朋友出来聚会、喝酒、唱K，似乎一个人在家是很可悲的事。不善交际固然是一种遗憾，无法忍受独处也是一种遗憾。

人在独处时中有三种境界：

一是寂寞孤单、惶惶不安、茫无头绪、深感焦虑。

二是渐渐安定，建立当下独处的条理，找到自己喜欢的一两件事来消遣；用读书、写作或别的事务来驱逐寂寞。

三是让独处成为一片诗意的土壤和创造力的天堂，感受与自己的和解、感知存在和生命的美妙，在自我深邃的思考中内观，找到自己，听见内心的声音，了解自己的真实想法，获取来自身体内部的能量，形成独特的气质，拥有更具稳定的性情、自控力以及觉察力。

独处也是一种能力，并非任何人任何时候都可具备的。人不能独处，也可能是他无法忍受自己。对自己不满，总想变得更好，于是到处报名上课，甚至不敢停下这一习惯性上课的举动。其实，最好的学习方式也包括独自面对自己、接纳自己、认可自己和懂得自己。

无法跟自己独立相处的原因有很多种，在我们的心里，还有着跟他人融合在一起的期待和愿望，一旦被动地分开，面临的可能是不可控的情感体验。比如担心爱人感情不稳定、担心朋友友情不稳定等。

也有人不愿意独处，是认为一个人大段时间独处会显得太内向，容易与社会脱节。其实内向和外向只是解决问题的方式。内向者倾向于通过自我思考和独处解决内心问题，外向者倾向于通过向外界倾诉或宣泄治愈自己。正如心理学家荣格所说："内向型的人能在刺激程度最低的环境中独自获得能量，而外向型恰恰相反，要在团队中获得力量。"具备独处能力的人多数不需要通过与他人不断说话去获取认同感，他们理性、安静、专注、内省、喜欢独处、做事有计划、不冲动、日常生活有规律、遵循伦理观念、做事可靠、善于倾听、有洞察力和创造力。

股神巴菲特、比尔·盖茨这些成功人士也都是内向型性格，他们将敏锐洞察力发挥到了极致，利用优势在自己的领域获得成功。歌手周杰伦也是内向性格，他将创造力发挥得淋漓尽致。

一个人的智慧和才能是在"闲"中产生和发展的。因此，我们需要适时地停下脚步，独自静下心来想一想，给自己的心灵做做按摩，清理一下心理垃圾，自由自在地放飞一段遐思。不管世风如何浮躁，都要保有一份独处的恬静。芝兰生于深谷，不以无人而不芳。安静的独处时光是生活中重要的一部分，可以帮助我们平衡生活中无所不在的嘈杂与混乱。我曾经有过一段时间受到《早起的奇迹》这本书的启发，尝试每天凌晨 5 点起床，家人最早的是 7 点起床，这期间我有了完全不受打扰的 2 小时用来运动、看书、写作。四周寂静无声，有一种平静和活力旺盛的能量，可以任性地做自己想做的事，这两小时早起时光就如同是从生命中"偷"来的时间一般，让人窃喜。不得不说，当我为自己"挤出"一段独处时光后，这段时光成了我一天中最幸福的部分。

一个爱独处的人，无论男女都是精神世界丰实的人。内心丰盈且强大，耐得住寂寞，守得住繁华。独处是回归心灵、回归本我的最好方式。每个你身边的人，只是一个陪伴者，有的人陪你走得长，有的人中途离场。不管是家人、爱人还是朋友、同事，甚至敌人，仔细思考后，发现陪伴自己最久的人，只有自己。和自己单独相处的时候，是人最真实的时候。那些不可告人的自己守护的秘密，那些肆无忌惮的放松和喜好，渴望与另一个自己分享。放下一切的压力、烦恼，静静地感受时光的变化，体验心一点点慢下来的感觉。没有独处，是不可能听到自己心底深处的呼唤，那些你经常试图向外界寻找的问题的正确答案其实就藏在心中，将在你与自己独处的时刻慢慢浮现出来。

生活在这纷扰喧嚣的世界，从独处中找寻一种"静能量"，给心灵腾出感知幸福的空间，不要只是苟且忙碌地活着，生命的价值在于体验和感悟美好。正如《大学》里说："静而后能安，安而后能虑，虑而后能得。"独处，或许是成年人的奢侈品，把精力从操控外在世界的野心，转向对内心的真相做更深入的探讨，从而获得心流。如果能随心所欲地进入心流，就已掌握了改变生活的金钥匙。

二、功夫在 8 小时之外，业余时间拉开生活的差距

罗伯特·帕利亚里尼在著作《另外 8 小时》中提出了"三八理论"。将一天分成三个 8 小时：

第一个 8 小时，大家都在工作。

第二个 8 小时，大家都在睡觉。

第三个 8 小时，大家自由支配的时间，人与人的差距，主要是由第三个 8 小时决定。

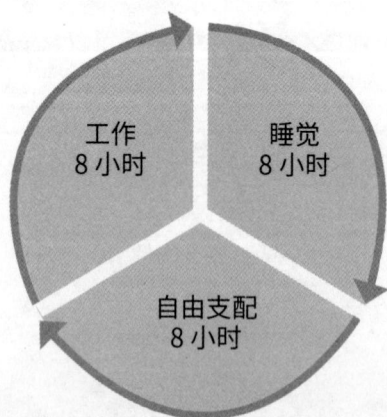

工作
8 小时

睡觉
8 小时

自由支配
8 小时

世界上最公平的是时间
因为每个人每天都只有 24 个小时

如何使用这另外的 8 小时，我们通常有三种选择：

1. 纯消遣：玩游戏、闲聊、刷朋友圈、追剧、刷抖音、网购、吃喝玩乐等活动。用时间换取及时享受，属于消耗型的使用方式。

2. 加班和赚钱：白天未做完的工作夜晚继续加班，也有人做副业兼职赚钱，用时间来产生交易、赚钱，属于保本型使用方式。

3. 用来投资自我：持续不断地投入到某一领域。成为专家和行业顶尖高手，用时间来自我增值、自我提升。用时间投资未来更好的自己，属于增值型使用方式。

业余 8 小时，很多人劳累一天都希望能尽可能安逸和放松，最好看电影和玩游戏到深夜，然后睡觉睡到自然醒。8 小时内的工作决定了我们的社会角色和职业定位，而 8 小时之外的生活，却决定了我们的生活方式和成为一个什么样的人。将其全部用来享乐只能让梦想永远都只是梦想，如果将其用来努力追寻梦想并实现梦想，无疑将让自己越来越幸运。

财商经典《管道的故事》里面有个小故事，讲两个挑水工人的命运。两个工人分别叫帕瓦罗和布鲁诺，都是贫困年轻人，被村里雇佣来将附近河里的水挑到村广场的大水缸里。村里按一分钱一桶的价格结算，他们一天最少能挑 100 桶，收入高达 1 元，这已经是村里富人的收入水平了。帕瓦罗坚信这是世界上最美好的工作，收入高，更能过上好日子。于是，周一到周五他辛苦地工作，周六周日悠闲地休息，如此过了两年他住上了小洋楼，还拥有了几头奶牛！布鲁诺在得到这份工作后，欣喜之余却多了一份担忧，看着挑水带来的满手血泡，他开始担心年老后怎么办。于是，他萌生了一种想法：修一条管道到村里，这样自己就不用挑水了，而且享用不尽！于是，布鲁诺开始了辛苦的工作，白天挑水，晚上抽时间挖管道，周六周日也不休息，继续挖管道。因为把挣到的钱及业余时间都投入到挖管道上了，以至于五年后他还是一贫如洗。一晃十年过去了，布鲁诺的管道成功地挖通了！河里的水顺着管道源源不断地流进村子的水渠里，村子源源不断地有新鲜水供应了，村民欢呼，附近其他村子都搬到这个村来，村子顿时繁荣起来。布鲁诺不用再提水桶了，无论他是否工作，水都源源不断地流入。他吃饭时，水在流入；他睡觉时，水在流入；当他周末去玩时，水在流入。流入村子的水越多，流入布鲁诺口袋里的钱也越多。

这个故事中，布鲁诺充分利用业余时间开辟自己的管道事业，不断学习和改进方法，人们都称他为"奇迹的创造者"，他终于实现了自己的被动型收入的财富梦想。

我们对待时间的态度决定了生命的高度。就像同一届毕业的大学生，经历四年大学生涯，有的人充分利用业余时间不但学习了1-2项专业技能，还继续保持进修的习惯，考取大量对职场工作有帮助的证书，在就业时比别的同学更易获得让自己心仪的工作。

想成为那个实现梦想的幸运者，想从周围的人群当中脱颖而出，需要付出的时间和努力还很多。

拥有改变命运的 8 小时

1. 找到"不被打扰的时间"

每天都有忙不完的琐事，时间不够用似乎成了常态。假如能每天争取出一段"不被打扰的时间"，就可以用来学习、创作、思考，一段不被打扰的连续的 2 小时，很容易让我们进入心流。持之以恒，在这样"不被打扰的时间"的心流中收获的价值会远远超过自己想象。

2. 让 8 小时尽量用于投资

包括了投资未来的"管道事业"和自己的学习进修。

3. 升级利用碎片化时间

其实每天上下班的通勤时间都很容易被消耗，如果能利用通勤时间读一本书、听一节网课、背 20 个单词，或者把开车变成步行或骑车的运动，就是把原本消费型的碎片化时间升级到"投资"。

机会是留给有准备的人。工作的 8 个小时内，大家都是用来完成工作，但是拉开差距的却是 8 个小时以外。人生没有绝对公平，但有相对公平，如何安排业余的 8 个小时将决定我们的未来。

作家雷巴柯夫曾说："用分钟来计算时间的人，比用小时计算的人，时间多 59 倍。"越是对时间算得精细，越是能掌控时间。分配零散时间的任务前，先弄清楚自己 1 分钟可以做什么？ 3 分钟可以做什么？ 10 分钟、30 分钟又可以做什么？把简单的小任务锁定到这样的小时间单元格内，会节省不少精力。比如等车的时间我喜欢做一些微信回复，或者做一下晚间时间的安排，或者做一些网上购物，基本很少让碎片时间全部浪费。当然，碎片时间越少，安排的事情也一定要越少。否则也会带来焦虑感和挫败感。

在成长的道路上，可怕的是比我们幸运的人往往还比我们勤奋。8 小时以外，有着严谨的时间安排，交友、学习、健身、休息，严格自律，使自己随时保持充沛的状态，能够应对一切可能发生的突发情况，时间成了职场上不断攻城略地的砝码，也能利用时间的复利效应，把握工作中细微的提升，逐渐拓宽认知边际和职场深度。

我们所熟知的很多名企成功人士，都是对 8 小时以外的时间有了更深刻的理解和认识，才让他们在商场上永远保持竞争力，每一个光鲜亮丽的背后，都是严于律己的人生态度。

提升总在别人看不见的时候，人是有惰性的，我自己也如此。很早以前我有严重的拖延症，后来看了很多有关时间管理、精力管理、效能管理的书籍，不断提升自己在心流上体验和进入的能力，才能更好地驾驭自己的业余时间。其实，我们每天在手机上刷头条、漫无目标地看抖音、刷朋友圈、回复各种微信好友和处理各种微信群的消息，这些时间的总和达到了一个令人无法想象的数据，如果这些时间都能够具体安排在实现你的关键要事和重要目标上，就会发现，目标不会遥不可及了。

我认为时间管理其实是个伪命题，因为我们要管理的，可不仅仅是时间，更是精力分配、心智模式、身体状况、习惯养成。有一位好友深夜来电话哭诉："我的日子没法过了，孩子爸爸就是甩手掌柜，每天接近凌晨才回家，我上班回来每晚还要陪两个孩子写作业，给孩子洗完弄好我自己再洗碗拖地做家务洗澡，忙完 11 点多了，才能挤出时间来加加班。"是的，每位结了婚的女性，都想做个好妻子、好妈妈，同时还能兼顾事业。但因为缺乏"时间商"，婚后就被各种柴米油盐所绑架，陷入日复一日的抱怨当中。有时我们需要逼自己提高"时间商"，鸡毛蒜皮一把抓，会把你累得直不起腰，而且重要的事情一件都没有做。

如何利用好 8 小时之外，是很多人的痛点，但也是人生的转折点。

高效时间与精力管理

1. 排列优先级

　　每天都要面临很多工作任务和生活琐事，如果不进行优先级排序，而是想到什么就做什么，这样很可能会延误掉重要的事情。正确的做法是找出那些最重要的事情，优先安排在自己的时间表中。把工作中重要的事情放在精力最充沛的上午去做，绝不拖延。

　　建立时间管理矩阵，根据事情重要程度、紧急程度划分为四个象限：重要且紧急、重要不紧急、不重要但紧急和不重要不紧急。对应的这四类事情的处理方法是：重要紧急的事情马上去做，重要不紧急的事情要有计划地做，不重要但紧急的事情可以委托他人去做，不重要不紧急的事情尽量别做。仅仅知道事件如何划分还不够，这些事情具体什么时间来做，我们怎么来合理安排呢？这就需要做日程表了。

2. 高效日程管理

　　（1）周日程表

　　很多人都认为自己有拖延症，我曾经也发现自己总是喜欢到截止时间前突击完成工作任务，后来开始不断研究如何提效、如何能前置完成较难的任务。我发现了非常好用的一款效率管理软件——日程清单，这个软件可以设置开机即启动，在桌面随时提醒和梳理关键任务，合理规范起床、运动、工作、处理急事等规划，可以将近期的多而杂的任务清单做出周日程表。这个表不要安排得过满，要做适当留白，因为在实际工作中，可能会遇到突发事件或是临时接到的紧急任务，有弹性才能进行任务调整，避免实现不了带来的沮丧。

（2）当天日程表

当天日程表，可以在一天清晨为自己整理出一张当天的日程表，列出当天要完成的重要事项。除了计划，也可以记录自己当天做每一件事情的时间是多少，有利于提升准确用时的把握。我一般喜欢在上午、下午、晚上三个不同时间段，需要进入心流时间时在我的日程表上做些标注，想好攻略和路径。有时晚间的时段不受打扰，我会用来专注于个人学习、写作、课程设计。

（3）临时存放与当日复盘

很多职场人每天都会频繁收到临时任务，或是需要几天后再处理的信息，这些信息如果记在脑子里就会占用大脑内存，事情一多很快就忘记了。可以把这种信息写在待办清单中，稍后有时间了再进行处理。复盘是每个人都应该养成的好习惯，下班前总结一下自己当天完成了哪些任务、有什么收获、哪些工作滞后了、原因是什么等等。复盘可以让我们对做得不好的工作进行及时调整改进，利于更高效地开展工作。

本周总结		优先顺序	本周工作目标 在完成时限处打√	完成时限
目标完成情况				
未完成目标的原因和障碍				
克服障碍的对策和方法				
本周创新与收获				

随笔		本周其他目标	以下目标做到打√ 本周有特别的日子吗？请标注
		理财规划	
		家庭生活	
		学习成长	

3. 合理应对拖延和碎片时间浪费问题

（1）杜绝完美主义心理，有时完成比完美更重要。

（2）进行拆分，把看似很难完成的大事，分解成容易解决的小事放进日程表中。

（3）合理利用碎片时间。

4. 学习提升

（1）专业技术

行业领域只有成为专家，才能成为赢家。只有不停地深化专业研究，才能让你脱颖而出。当知识积累到一定程度的时候，才会从量变到质变。

（2）综合能力

阅读提升：

大量阅读和持续阅读是最简单实用，也最经济的自我提升方法。每一本书都会有一些参考文献和资料，相当于每本书都不是简单孤立的一本书，而是在背后有多位作家的智慧浓缩。一般可以根据自己需要阅读三类书籍：专业类、管理类、知识兴趣类。专业类让你的专业更加出色；管理类为你日后晋升更高一级打下良好基础；知识兴趣可以让阅读更有乐趣和延展性。

学一门外语：

国际化的时代，能多学一门语言，与国际化接轨，无疑是竞争利器，这就是你与众不同的竞争优势。

各类学历和资格证：

资格证书代表的是一种专业技术的肯定，也是能力积累的一个过程，更是另一块敲门砖。成为更高学历的专业人才，做选择时也比别人有更多机会。

5. 投资健康

　　健康才是未来最大的财产。这不是挂在嘴边随便说说的空话，而是为自己的身体做一个长期的投资。当一个人精神萎靡不振，经常生病、身体不适，或容易疲劳，这样的精神状态，如何能创造出自己的事业并给家人以更好的守护呢？通过运动来投资健康，是最简单，也是最有价值的方式。按照适合自己的方式如跑步、跳绳、瑜伽、武术、健身、羽毛球、力量训练等等体育锻炼，由易到难地保持运动习惯，不但利于强身健体，更利于大脑运转和保持清醒。

6. 培养兴趣

　　拥有自己的爱好，并长期地坚持下去。当遇到挫折、失败、内心苦闷时，兴趣与热爱将是我们调节情绪最好的良方。

三、摆脱 Deadline 肾上腺素依赖

在快节奏的现代生活中，我们常常会依赖截止日期来激发自己完成工作的动力。然而，这种依赖往往会带来不必要的压力和焦虑。如何摆脱对截止日期的肾上腺素依赖，并实现工作与生活的平衡，是打造自己热爱的生活需要学习的一项重要技能。

互联网在给我们的工作和生活都带了超乎想象的便利的同时，也间接地伤害到了一些自制力不佳的人。因为网络提供了更丰富和更便捷的购物渠道，很多营销方式充满诱惑力，吸引了很多人沉迷短视频、直播等平台，进而影响了日常生活的规律。不少人将重要的工作或事项，拖延到最后截止时间，不得不做，才会开始行动，利用感到紧迫时产生的肾上腺素，快速地完成。

认识肾上腺素依赖

肾上腺素是一种在面对压力或危险时自然分泌的激素，它可以让我们感到紧张、兴奋，并帮助我们应对紧急情况。然而，当我们反复依赖截止日期来刺激肾上腺素的分泌时，我们的身体和心理状态可能会受到影响。

摆脱肾上腺素依赖的方法

1. 制订合理的工作计划

制订合理的工作计划是避免对截止日期产生依赖的关键。通过规划工作时间，我们可以更好地管理自己的任务和项目，避免在最后关头出现手忙脚乱的情况。同时，合理的工作计划还可以让我们更加专注于工作，提高效率。

2. 培养自我管理能力

自我管理能力是指我们在没有外部压力的情况下，能够自觉地完成任务的能力。通过培养自我管理能力，我们可以更好地掌控自己的工作和生活，避免过度依赖截止日期来推动自己完成任务。

3. 学会放松和调整心态

当我们面临工作压力时，学会放松和调整心态非常重要。可以通过锻炼、冥想、与朋友交流等方式来缓解压力，让自己暂时远离工作。同时，要学会接受自己的不完美，不要过分追求完美，以免给自己带来过大的压力。

4. 与他人建立良好的沟通

与他人建立良好的沟通可以帮助我们更好地处理工作压力和截止日期带来的焦虑。与同事、上级或下属保持良好的沟通，可以让我们更加清晰地了解工作要求和期望，从而更好地安排自己的时间和任务。

工作与生活平衡的艺术

要摆脱对截止日期的肾上腺素依赖，我们还需要学会实现工作与生活的平衡。以下是一些建议：

1. 制订健康的生活计划

制订健康的生活计划可以帮助我们更好地平衡工作和生活。这包括合理的饮食、适量的运动、充足的睡眠和定期的娱乐活动等。通过坚持健康的生活计划，我们可以保持良好的身体状态和精神状态，从而更好地应对工作压力。

2. 学会说"不"

在工作中，我们经常会遇到各种任务和项目，有些任务可能需要我们付出大量的时间和精力。然而，如果我们一味地接受所有任务和项目，可能会让我们的生活变得非常忙碌。因此，学会说"不"是实现工作与生活平衡的关键。当我们面临过多的任务或项目时，要勇敢地拒绝一些不必要的任务或请求，以便更好地安排自己的时间和精力。

3. 寻找工作中的乐趣和意义

当我们对工作感到厌倦或无聊时，往往会感到压力和焦虑。因此，寻找工作中的乐趣和意义是实现工作与生活平衡的重要途径。当我们对自己的工作充满热情时，可以更加积极地面对工作中的挑战和压力，从而更好地平衡工作和生活。

总之，摆脱对截止日期的肾上腺素依赖需要我们在工作和生活中做出积极的改变。通过制订合理的工作计划、培养自我管理能力、学会放松和调整心态、与他人建立良好的沟通以及实现工作与生活的平衡，我们可以更好地掌控自己的生活和工作，避免过度依赖截止日期来推动自己完成任务。

亲密关系重建

家庭治疗师沈家宏在他的《用心理学戒瘾，做一个自律的人》一书中认为"成瘾的本质是错误的自我疗愈，也就是借助某种物质或行为习惯，掩盖和逃离自己无法忍受的消极情绪与心理创伤"。因此，处理成瘾最为重要的是处理过去的创伤，以及对现实生活中亲密关系的重建，尤其是与父母亲密关系的重建。

成瘾的背后隐藏着儿童时期对亲密关系未能满足的缺失或现实生活中自我价值无法体现的补偿心理。长大后通过一定的行为习惯满足在现实生活中未能得到满足的需求。父母应当给予孩子无条件的爱、充分的耐心和陪伴、价值感以及抗挫的心理能力。成年人重建和父母健康的沟通交流方式有利于疗愈心理创伤。

我们反复依赖截止日期来刺激肾上腺素的分泌，长此以往会给身心带来双重伤害，我们的身体和心理状态可能会受到影响，还会造成生物钟严重紊乱并导致失眠。拖延过程中沉迷网络娱乐也容易引发眼部、颈椎、腰椎疾病，甚至紧张的情绪也容易诱发心血管疾病，非常不利于身体健康。

四、把自己活成一个好故事

胡适曾说："生命本身没有什么意义，你要能给它什么意义，它就有什么意义。与其终日冥想人生有何意义，不如试用此生做点有意义的事。而这个世界上，有一部分人在不停歇地改变自己，另一部分人醒来后发现世界变了。"

《当幸福来敲门》中有一句父亲对自己儿子说的经典台词："不要让别人告诉你，你成不了才，如果你有梦想，就要去捍卫它。那些嘲笑你梦想的人，他们必定会失败，他们想把你变成和他们一样的人。如果真的喜欢什么，有想要追逐的东西，那么趁年轻就去追吧。"

苦难有时也是一种祝福，在最艰难的时候，很多人都觉得自己活得很没自尊。其实，自尊心是颗种子，捧在手上只能枯死，非得踩进泥土，从磨难中汲取养料，成长，成熟。生活是一场灵魂的博弈，只有最终没被伤痛压垮的人，才配得到它。让我们痛不欲生的，就是能让我们脱胎换骨的。

有一个老先生，到集市上买了一根蜡烛，蜡烛看着老先生，好奇地问："老公公，你需要我为你做什么呢？"

老先生说:"我要把你放在灯塔上,给海面的船只指引方向。"

原来,这个老先生是一座小灯塔的管理员。蜡烛吓了一大跳!赶忙惶恐地对老先生说:"不!我不行,我只是个小蜡烛。"

老先生响应:"别担心,你只管全力以赴,我有我的安排与方法。"

晚上到了,老先生拿着蜡烛爬到了灯塔上,只见灯塔顶端早已放了好几面光亮的镜子,老先生把蜡烛摆上,点燃它,奇妙的事发生了!蜡烛微弱的光,经过老先生几面镜子的一再反射,竟成为耀眼的光团……海面上船只的船员们看着发亮的灯塔,个个露出了感激的微笑。

在现实生活中,我们是否曾经也像这根蜡烛一样,遇到机会万般推辞地对别人说:"不!我不行,我只是……我缺乏……我不够优秀……"

其实只要人自己愿意"发光",有明确的使命和目标,全世界都会来帮助你。

《神秘巨星》这部印度电影是我几年前去电影院看到的,是自己感动到泪流的一部不错的励志片,讲述的是少女伊西亚拥有着一副天生的好嗓子,对唱歌充满了热爱。就像是汽水里的气泡一样,有天赋的孩子是会自己往外冒的。伊西亚出生在印度家庭,她的父亲是一个"躁狂症患者",不光是大男子主义,重男轻女,而且还一不满意就打骂自己的老婆,对伊西亚也态度不好。这位父亲让她只负责好好学习,因为只有好好学习成绩好,才能嫁得好。伊西亚自己录歌并上传了自己的第一首歌,把脸蒙着,火遍了网络、报纸和电视,收到了大歌星阿米尔汗的配唱邀请。后来伊西亚不懈地坚持自己的梦想，最终摆脱了父亲，获得了大奖。

母爱是整部影片最大的泪点。在伊西亚追梦的途中，妈妈口口声声说不敢违抗爸爸，可还是不遗余力地支持女儿，她变卖掉自己唯一的首饰，每晚偷偷摸摸地在爱人钱包中拿出一点零钱，甚至在最后为了伊西亚的未来签下离婚协议。伊西亚说："妈妈她不是傻子，她是一个天才；她不是胆小鬼，她是一个战士；她不是孩子气，她是世上最好的妈妈，她才是真正的神秘巨星。"

我身边也有两位母亲是这样的"神秘巨星"，一位是我的妈妈，一位是我的婆婆。

母亲 2 岁时，外婆就因病离开，后来外公又再婚，她失去爸妈的庇护，就由亲戚和哥哥姐姐轮着照管，吃百家饭长大。都说从小缺爱的人很难给他人爱，母亲属于一个例外，对我精心教育和呵护。我婚后几年，她从美丽的江南小镇来广州照顾我们这个小家庭，从宝宝还未出生时就全身心地付出，经常是遇到宝宝生病整晚熬夜看护。去年家里因为失火增加了许多繁重家务活，她半个月操劳累到情绪失控，和我因为孩子教育问题吵了一下，我爱人劝我要能包容并给予妈妈更多的爱，她太累，需要多做让她快乐的事，妈这么多年任劳任怨，经常是一个人顶几个人的辛劳，对宝宝的贴心照顾更是可以用伟大来形容，我觉得用伟大来形容妈妈是毫不夸张的。从爱人嘴里听到认为我的妈妈伟大，我觉得很不可思议，我一方面感到惭愧，另一方面感到欣慰，幸好及时醒觉，没有成为不懂感恩、一味榨干父母的啃老族。很庆幸这个小家庭彼此认可、体谅、包容、爱护，非常和谐。

另一位是婆婆，她已经快 80 岁，在湖北黄石生活。每周巴望周末可以视频看看小孙子，这几乎是她一周里最快乐的时光，而每年国庆和春节，是她这一年最开心的日子。都说婆媳矛盾是天下难解的题，我从谈婚论嫁到婚后多年，始终都很佩服这位老人。我经常诧异地问我爱人："你确定咱妈真的一天学也没上，不识一个字吗？"我之所以这么问，是因为我做了十几年人力资源，加上修习心理学，却每每在与婆婆相处和对话中感受到高情商和大智慧。

我爱人家中排行老三，上面两个哥哥最小的孩子已经上小学了，最大孩子已经上大学了。老母亲盼三儿子能结婚生子却盼了十几年没有结果，于是她每年都会缝婴孩和那个不知什么时候才来的"儿媳妇"的鞋子。等我过门，我惊讶地发现了 6 双从 35 码到 40 码的女性的大红棉鞋。真是让人看了忍不住流泪，每双鞋子的背后都是满满的期盼啊！

我问婆婆："怎么做了这么多给媳妇的棉鞋。"

她的话把我逗乐了，说："我也不知儿媳妇是多大的脚，干脆就每一个码都做一个。"

然后我就笑说："现在是买鞋子的时代了，虽然自己做能省钱，但太累人。"

结果听到婆婆说的话，让我瞬间感动，她说："我不是为了省钱，是因为我每年都担心自己可能活不过这年，我怕是等不到看到三媳妇和孙子的那一天，如果我走了，但是三媳妇和孙子能穿到我亲手做的棉鞋，多好啊，我也没啥遗憾了。"

这样的一份母爱真的让我很感动，同时也敬佩她能终日操劳。公公去世前整整病了 20 年，糖尿病需要每天打针和三餐定时，并且吃多少、怎么吃都有讲究，我看到她从来都是跟闹钟一样准时做饭，有时想带她去逛街，她说不能错过给公公吃饭的饭点，也不能从外面打包，必须自己做的饭菜才能无糖，才安全。公公久病经常无缘无故地发火，有时不高兴就摔东西，她都是万般忍受，不去激怒，实在忍不住也是跟儿子们抱怨几句，依然不吵架怄气。公公有白内障和帕金森等多重疾病，眼睛几乎失明，手抖也拿不稳东西，家务几十年都不碰一下。还经常要去医院复诊，走路不小心就骨折卧床，这些困难面前我总是看到婆婆伺候左右，非常细心。

我一直认为他们有几十年深厚的爱做支撑。直到今年初春节，公公离开人世半年了，我问婆婆会不会太思念，会不会因为忙惯了，突然没有人要服侍照顾而不习惯？

婆婆哈哈地笑了，说："当年结婚都是父母指定匆忙成婚，很多年都是因为工作而分居两地，生儿育女忙家务，哪有什么爱情可言。"

我诧异地问："没有什么感情，那是什么让你二十年如一日地照顾公公，忍气吞声还要小心翼翼？"

婆婆又说了一句让我倍感震撼的话："那是因为我有三个儿子，我不能让他们爸爸的病影响到儿子们的工作和生活，即使曾经年轻时有一晚公公出去夜不归宿，担心到满小区挨家挨户地找，后来发现竟然在一个朋友家打牌，虽然担心到哭也无比生气，但我没有吵架就回家了。因为公公是开大货车的，吵架容易有情绪，就会影响开车的注意力，一旦有任何事故，三个孩子要生活要念书，我一个没有工作的人，以后去哪里找钱？"

这些对话都让我对婆婆肃然起敬，不要说没有文化不识字了，现在我们很多家庭的争吵都是随意就骂出难听的话，动辄就闹离婚。明明自己发现对方错还不借机发泄愤怒，需要多么深厚的母爱和隐忍啊。婆婆的为人也体现在任何时候都在人前夸自己的媳妇，三个媳妇每一次有任何孝顺她的礼物，比如食物、衣服、鞋子，她都要四处炫耀，在我面前经常提起大嫂和二嫂的付出和优点，后来在大嫂和二嫂嘴里，我也听到她们在说婆婆是如何在她们面前夸赞我，简直是透着幸福的炫耀。因为婆婆的大智慧，家里三个儿子非常团结和气，三个儿媳之间也互相支持和关心，四个孙儿孙女中，有三个都是婆婆从婴儿期带着长大，他们都非常孝顺和喜爱自己的奶奶。每年三个儿子家一起来过除夕的团圆欢庆场面真是倍感温馨。

　　这世界上绝大多数人都生而平凡，但平凡也有平凡时候的美。平凡的人，也能以平凡的方式，活出不平凡的人生。婆婆此生无法像太阳照见无数人，但她也用爱的光芒照耀守护着每一个孩子，无怨无悔地尽了做母亲的责任，又竭尽所能为儿孙们付出，每一次过节精心准备每一道菜肴，亲手端上热气腾腾的美味饭菜，满眼笑意地看着儿孙和媳妇们大口品尝，享受天伦之乐，活出了自己最好的故事。

五、热爱让普通的你闪光

很多人一生都奔跑在追寻爱的道路上，热爱到底是什么？我们应该热爱什么？

摩西奶奶的人生堪称传奇。1860 年，摩西奶奶出生在纽约乡下的一个农场，是一个贫穷农夫的女儿，家中兄弟姐妹众多，她只是 10 个孩子中的一个。人生平平无奇地在农场做工，嫁给了另一个农夫，生育了 10 个孩子。直到 76 岁时，一个偶然的机会她开始作画，用明快的色彩将自己身边的快乐场景用笔记录下来。她的画受到了一位艺术收藏家的喜爱，在他的帮助下，摩西奶奶的画作被推广到了艺术界，逐渐得到社会认可。80 岁时，她的个人画展在纽约举行，引起轰动，自此一发不可收拾。她的人生开启了逆袭之旅，一跃成为美国最负盛名的画家之一，之后她坚持作画，直到 101 岁离世。

摩西奶奶曾说："你最愿意做的那件事，才是你真正的天赋所在。"

如果想人生逆袭，我们需要找到"最愿意做的事"并不断持续地做。摩西奶奶之所以闻名全球，不仅仅是因为她的画作，更是因为她丰富多彩的晚年生活，击碎了很多人的焦虑。我身边有很多刚满 60 岁的阿姨已经认为自己年迈苍老，说自己是"一只脚踩进棺材的人"了，帮儿女们照顾孙儿和做做家务，不再有人生其他盼望，能多活几年就是满足，花时间打扮自己或者追求爱好，或者再去学习点什么，那是年轻时干的事，老了就要服老……

摩西奶奶的作品并不仅仅是个人生活的记录和对过往的伤感怀旧，她描绘的是对农场生活的细致观察和那份爱，爱农场的生活，爱一草一木，爱这多彩的小日子。她在自己的书《槭树汁熬糖》中说："人的一生过得凄凉还是热烈，都是可以选择的，就像每次画画时选择用什么颜料一样，当选择了明亮的色彩时，人生便如同天边彩虹一般美丽；但如果选择了暗沉的颜色，那么人生也会变得晦暗不堪。"所谓才能，不过是裹着坚持的热爱。

热爱生活，首先要从爱自己开始，不是人人都懂得其中的奥妙和能做到真的爱自己。

遇到逆境、挫折、失恋、失业、被骗等负面事件，有些人愤愤不平和怀疑人生，有时会迷失自我，如同没有方向、没有目标、深夜航行在大海上的船，随时可能触礁沉船。我曾经遇到过一位来访者，婚姻破裂后感到一切都不可信任，认为所有男人都不可靠，认为自己是全天下最可悲的人，整天以泪洗面，遇到任何人都哭诉抱怨，后来导致自己工作、生活都更加糟糕，不开心就报复性大吃大喝，一年的时间，整个人长胖了 40 斤，体检一查，各种指标都失常，于是更加愤世嫉俗和感到人生无望。

王尔德说："爱自己是终身浪漫的开始。"爱自己包括了无条件地接纳自己的所有，无论是如意还是不如意，直面冲击，对抗风险。爱自己，就要看淡得失；爱自己，就要张弛有度。人生有许多事情，若不能放下，就不可能重新拥有。

从心理学来看，如果有这几种表现，说明在我们的内心深处并未做到爱自己。

1. 总喜欢讨好他人，渴求肯定

讨好型人格往往活得很累，总是为了他人的喜好、需要而委屈和压抑自己。时间久了后会产生很多怨气，认为自己明明付出了全部，然而对方并没有好好珍惜自己，导致自己满心伤害。当一个人缺少自我认同感的时候，就会不断地去寻求别人的关注跟认可。你依赖别人的程度，就是不爱自己的程度。

2. 总喜欢凡事苛责，要求他人

"生活是一面镜子，它会将你的想法反映到你身上。"

——欧内斯特

每当你不断看到他人缺点、问题、差错并痛斥或表达不满时，其实，你正在面对自己的影子。你苛责的，也许正是你需要听到的，它也会治愈你，使你重新接纳和改变。用那些冰冷的监督、严厉评判、挑剔的责难、激烈的言论面对他人时，也意味着你不太接纳内在的自己，你对自己也很苛刻，缺乏自我接纳，不能接受自己不优秀，不能接受自己有差错，对自己很苛刻。

对自己很苛刻的人，不仅仅是完美主义作祟，其中还隐藏着一种强烈的自卑心理。因为不能接受不完美的自我，所以才会用苛刻的方式，从而避免坏的情况发生。人无完人，如果不能接纳自身的不完美，往往也很难接纳他人的不完美。存在即合理，减少自我否定，才拥有完善自己的更持久的力量。

3. 总把自己放在最后，优先他人

年轻时不懂这个道理，我也曾在几段感情里总是先考虑对方而委曲求全，记得有一次一个男性朋友约我喝啤酒，喝完一口突然问："你是不是经常性先考虑别人？"我听了觉得很奇怪："为什么这么说呢？"他说："因为我发现跟你碰杯时，你的啤酒已经没多少，就应该一口喝完，可你专门看了一眼我的杯子，发现我还可以分两次就只抿一口，为了等我喝酒的速度。经常为别人考虑会不会很累？"当时听完这些，我的眼泪在眼眶打转，这句话的确戳中痛点。我喜欢优先考虑他人的原因主要是我的原生家庭，因为家庭变故，经济拮据，我父母吃好的饭菜或点心糖果时都优先给我，自己舍不得吃还非说不喜欢，我耳濡目染后也变得极其在乎别人的需要，尽量把自己放在第二位。

宇宙大数据只会精准匹配，不会有一丝偏差。总把自己放在最后一位，优先他人，事事为他人着想，宇宙一定会匹配给这样的人一位不知感恩，以索取为习惯的身边人；而凡事能优先考虑自己喜好和感受，不会因为害怕他人生气而委屈自己，宇宙一定会给这样的人匹配心甘情愿照顾他的情绪、在意他的感受的人。自己是什么样的人，什么样的磁场和能量，就会吸引什么样的人，实际上是用自己向宇宙下单，吸引满足你"需求"的人。

台湾心理卫生中心的心理治疗师金韵蓉老师的《先斟满自己的杯子》，这本书还是在 2010 年看的，直到现在，我还珍藏在书架。喜欢买书的人可能会担心自己没空全部看完，其实，书不用一页不差从头看到最后一个字，有时候，哪怕只有某一页入心了，甚至作者的某一句话影响和帮助了自己，那就足够了。有的书的精髓就是

让别人舒服，让自己也舒服。我们可以不自私，却也无须讨好；不主动伤害他人，也不要习惯性地去委屈自己。尝试着做一个讨好自己的人，先斟满自己的杯子，并将溢出的爱送给他人。

4. 不断地努力成为他人，盲目崇拜

心中有偶像、有榜样、有羡慕的对象，然而独看不见同样成为他人艳羡对象的自己。其实，我们永远成为不了"别人"。

还记得小时候看过的一则寓言故事《老鼠问天》：

小老鼠觉得自己太渺小了，一直希望找到最大的东西。抬头一看，什么大事啊？莫大于天。所以，小老鼠说："我人生的境界就是要找到天的真谛。天无所畏惧，它太辽阔了，笼盖四野。"

小老鼠问天："天啊，你什么都不怕，我却这么渺小，你能给我勇气吗？"

天告诉它说："我也有怕的，我怕云。因为云是可以遮天蔽日的，太阳和天空都可以被云彩密密地遮住。"

小老鼠觉得云更了不起，就去找云，说："你能遮天蔽日，你是天地之间最大的力量吧？"

云彩说："不，我怕风。我好不容易把天遮得密密的，哗，大风一吹，云开雾散，风过云飘。所以我还是有怕的东西。"

小老鼠又跑去找风，说："你力量太大了，天空上万物都抵挡不住你，你没有什么可怕的吧？"

风说："我也有怕的啊，我怕墙。天上的云彩我都能吹散，但是地上有堵墙我就绕不过去了，所以墙比我厉害。"

小老鼠就跑去找墙，说："你连风都挡得住，你是不是天下最强大的？"

墙却说了一句令小老鼠非常惊诧的话，墙说："我最怕的就是老鼠。因为老鼠会在我的根基上咬出很多墙洞，总有一天，我这面墙会因为这些老鼠洞而轰然倒塌。"

这个时候小老鼠恍然大悟，原来这个世界自己也很了不起呀！

每个人的一生都是独特的，都有自己不可复制的智慧，与其盲目地崇拜别人，还不如积极地挖掘自己潜能。人的潜能好比是一座稀有的无法估量的神奇宝藏，只等着自己去发现。

5. 过度隐藏情绪，自我压抑

生命中时常遇到挫折、伤害、委屈、侵犯或艰辛，情绪的发生也是一种能量，应当被允许和被看见，被抚慰和及时抒发。有些人习惯性压抑自己的情绪，特别是一些男性自小受传统教育洗脑——男儿有泪不轻弹、男人膝下有黄金，似乎男人就该天生顶天立地、不惧艰辛。可是男人也是人，人都有七情六欲和脆弱之时。因为隐藏真实情绪，有人可能会需要借助烟酒、毒品或其他用来慰藉的物质，让自己逃避情绪，得到片刻安宁。看似当时缓解了，但长期来看却有很大隐患，因为压抑情绪会导致身体出现各种问题。

曾经有位女士结婚后一直和公婆一起住，她非常渴望自己的小家庭可以独立住，和丈夫沟通了多次，都以习惯了和父母同住、相互有个照应为由不同意分开住。后来她慢慢地把自己的想法和情绪都压了下来，直到她被检查出来得了癌症。当咨询师问她这辈子最大的心愿的时候，她说只希望能有一个属于自己的家，房子大不大无所谓，主要是可以和丈夫孩子住在一起，哪怕只是住几个月也好。后来开始进入医院治疗，她住的是特护病房，独立的套间。在这个独立的不大的病房里，有她的丈夫和儿女的陪伴，而公婆又不会在这里住。她的潜意识让她用这种方式，终于拥有了属于自己的空间。那恰好是她生命中最后的一段日子。

有的人从小在专制型家庭长大，最常听到的呵斥就是："哭什么哭，一声也不许哭，有什么资格哭。""不许狡辩、不许顶嘴，给我闭嘴。"有一次一位来访者描述了一段小时候的经历，他小时候在鸟窝里发现三只没长毛的小鸟，眼睛都没有睁开，他非常喜欢，就偷偷在家里养了起来，经常半夜还担心小鸟饿了或者冷了，就偷偷起来看，后来有一次他发现小鸟一只也不见了，父母说被扔掉了，这些小鸟太让他分心，会影响学习。我听着就觉得难受，但是当问他有什么感觉的时候，他说没有感觉。甚至他在描述这一段经历的时候都很平静，这其实就是一种情感的隔离。原来他的父母经常不许他哭，不许他不坚强。

当一个人总是在压抑自己情绪的时候，情绪也会想方设法逃脱出来。有时可能会感觉身体的某个部位出现疼痛，一旦去医院检查，却不一定能查出任何器质性的疾病。心理学认为，这很可能是某些心理问题导致的。长期压抑和隐藏情绪，除了对身体的伤害，还有精神的伤害。抑郁，从本质来说，是一种潜藏的对自己的愤怒。当一个人没有办法对外界对其他人表达愤怒的时候，他就会把这种愤怒的情绪投向自己，严重的抑郁是可怕的"刽子手"，躲在看不见的黑暗里，总在最脆弱的时候伺机引发自杀的意念和行为。

这部分的调整办法就是能尽量把自己的情绪轨迹、过往创伤、近期压抑的心情书写下来，可以用很多好用的 App 写情绪日记——上传到私密文件夹保存，也可以采用"纸巾倾诉法"——在任何咖啡厅用餐巾纸记录心情和发泄负面情绪，写完后跟纸巾说："我知道了你的委屈和难过，我看到你的愤怒和压抑，抱一抱亲爱的自己，然后现在我要走出这个情绪。"说完后可以跟纸巾告别后冲进马桶或撕碎扔掉。

情绪日记对于从小不擅跟他人袒露真实情感的人来说，是最能让自己信任的亲人，是让自己可以放心说交心话的好友。塞满了心事的自己焦躁而杂乱，当我们把这些事情写下来，是一次极好的清空，可以让情绪回归平静，可以让心剥去沉重外壳重回活跃。人最可贵的就是找到回归内心的路径，心会帮我们弄明白最想要的、最不想要的和能想到的解决办法，帮助我们继续前行。我经常采用这个方法，很多咖啡馆都有过我书写情绪日记的身影，直到现在我也喜欢每天记录悲喜和心事，只不过除了抒发负面情绪，我也会写一些非常积极向上的话语自我肯定，并且不放过任何一次小的成果，大肆表扬自己，是不是也很可爱呢。

以上 5 种心理状态的自检和修复，能帮助我们更好地爱自己。

谁都可以看不起自己，但自己永远不可以。因为，在自己的人生风景中，每一个淡然面对的背后，都是经历了暗涛汹涌的考验。每一个安然无恙的日子，都是经历了风雨无阻而换来的。经历，成了命运给我们的最珍贵的礼物。

《圆桌派》中马家辉老师说过这样一句话："人生的前半生有 4 个字，叫做择其所爱，后半生才能爱其所择。"明白自己要什么，才能去追寻并获得，我们并非活在一个无人爱、无可爱的世界，只是缺乏一双发现爱的眼睛。拿旅游度假来说，很多人都会和亲友一起度假，风景的确无比美好，可是度假中大部分精力都用在同行人和拍照上，美景最后只能在自己朋友圈发的照片和视频中细看。所以全身心地投入景色中，有时需要一个人旅游才能体会。

放下所有杂念和顾盼，用全然欣赏的眼光去看阳光和雨露，恬淡愉悦；用赞叹的眼光去看朝霞和夕阳，缤纷绚丽；用发现的眼光去看花草和树木，清新爽快。所有美景我们入眼几分？不知名的小花在风中摇曳着跟你微笑，我们是否会视而不见呢？一双发现美的眼睛，一颗品读美的心，比美本身更为重要！

除了爱自己，更要热爱生活，感恩、珍惜所有的拥有，爱与热爱，陪伴着自己一步步走过，因有热爱，总会守得云开月明。唯有热爱，能让我们受伤后自我治愈并继续远行。我们每个人都是一个来去匆匆的过客。无论多么渴盼名与利，最终会发现都是过眼云烟。只有拥有云淡风轻的姿态，才能笑看花开，不管外界追逐纷争，始终为心灵留一方净土。用一颗趣味的心，去创造，去微笑向前，才能享受到生活里的欢愉。热爱，永远是生活的本色，热爱生活，遵循自己的内心，所有的美好体验，都是岁月给我们的福报。

想要真的做自己热爱的事情，前期一定会经受无数的挫折。也只有做着喜欢的事，才能激发出更多力量，才能创造更多价值，之后过上梦想中的生活。韩寒执导的《飞驰人生》中说到把自己的热爱当作事业，为了热爱的事情勇往直前，直至冲向云端，无怨无悔。其实我们每个人，都是为了自己生活的美满幸福而在一直奋斗，拥有自己所热爱的人、事、物，是我们保留自己为独立人格的重要一环。

在热爱中，我们更加认识自己，我们的心比我们更懂得自己要过什么样的生活和成为什么样的人。热爱是从心底而发的，往往是对自我价值的实践，它能产生更持久的动力，让自己坚持走下去，从而渐渐构成自己的一个特质或是标签。

泰戈尔说："你今天受的苦，吃的亏，担的责，扛的罪，忍的痛，到最后，都会变成一束光，照亮你的路。"生活或许无法像理想中那般美好，但也不会糟糕到毫无生机，每个人骨子里的脆弱和坚强其实会远超自己的想象。以为自己一定熬不过去的人却最后发现已经咬着牙走了很长的路，既然已经走过了最艰难的沼泽地，只要不放弃，也能安然无恙地站在对岸继续眺望未来。

人的一生，最难走的路不是被别人打击和否定，而是我们开始对自己不断打击和否定；人生最应该有的突破也不是接纳别人或接纳世界，而是发自内心地接纳自己。真正可以打败一个人的，不是苦难，而是无知、恐惧、心魔。穿越艰辛，在实践中带来的成长与领悟才铸就了每个人生的精彩绝伦。不管好与坏都能找到与自己和平相处的方式尤为重要。你只需要做好自己，不经意间会发现自己散发的光芒，早已照见别人脚下的路。人生就是一场修行，当我们学会了热爱，并用生命去践行的时候，内心的浮躁，才会在不断交替的春秋中，变得更加平和而从容。

写在最后：

曾经我也遇到过漫长黑夜，在自己住的出租屋楼下久久不愿上楼，失业、失恋、突然失去父亲的三重打击，让自己胸口堵到喘不过气，再想到自己年过三十，低学历，是没房、没车、没钱的"三无"广漂，还有没有人比我更悲惨呢？

泪眼不辨脚下的路，长期的失眠让自己头重脚轻，不知道明天在哪里，也不知道自己还有什么可以期盼。在楼下转圈是因为楼上坐着同样悲伤的失去爱人的母亲，唯一的至亲看到女儿这副憔悴和心碎的模样该多么惊慌？走了一个小时，很多的未接电话，就这么走着，我与自己在一起。突然间，内心里有一个声音飘出来，你在干什么呢？这样是最后一秒都不愿意放弃生存的父亲想看到的吗？遂擦干眼泪，仰望天空哽咽着说了一句："爸，我是你生命的延续，我会让你所有的不甘心成为我前行的动力，我会弥补你看不到我结婚生子的遗憾，一切都会拥有。我也将照顾好妈妈，努力活出此生最好的样子。"

没有人的人生能永远艳阳高照、春风得意，很多人都经历过多次感情的挫败或伤害，每段感情都是一次自我遇见和疗愈内在小孩的机会。得不到的期盼之苦，会带给我们无尽的失望、焦虑和不安。

我们渴望遇到如太阳般的一个人，却往往忘了，我们自己本就可以成为自己的太阳，学着与山川湖海为伴，独立、自信、热情、勇敢，把人生主动权握在自己手中，去发出属于自己的光芒，一样能夺目耀眼，温暖自己的一年四季。翻过曾经让自己觉得无法逾越的高山，回望的时候，你会发现：也不过如此。放下那些糟糕的过往，让过去过去，不惜一切地提升自己，并且做自己喜欢的事、擅长的事、热爱的事。不断探索，不断尝试，面对生活不会停歇的挑战和考验，始终乐观向上、热情不改。总有一天，你的强大会让你自己都无比惊讶。金子并不总会发光，除非擦掉上面的灰土。

愿你我眼里有星辰大海，心中有繁花似锦，忘了所有悲伤，放下所有对过往的消极评判和限制性定论，在阳光下尽情释放带点野性的奔放，去做让自己更美好的任何一种改变。此生不必光芒万丈，但求始终温暖有光。

挥别父亲已近 9 年，如今，我在广州有了一个幸福的小家庭，房子、车子、事业都如愿拥有，依旧保持学习和热爱，不断攀登更高的山峰。

写歌的人用了脑，唱歌的人用了心，听歌的人动了情。如果看书的你仍独身一人，别怕孤单，好好爱自己。这个世界总有另外一个人，隔着茫茫人海，正跋山涉水带着温柔向你奔赴而来。在这之前，你要做的就是活在热爱里，因为你本就配拥有最美好的一切。

经过这些滚烫的岁月，我越来越意识到每个人的生活都是自己最好的修炼道场，看过再多的书，听过再多的课，唯有进入到生活的每一天、每一刻，去热切地体验、检验、修炼，才能发现是否真的活通透了、活出自己了。希望你选择一种滚烫的人生，去热爱自己和生命中遇到的一切，不畏当下，也不惧未来，直面困苦，去打怪升级，去肆意绽放，谱写属于你的最美的故事。